U0215396

千亭集

COLLECTION OF PAVILIONS

深圳文科园林股份有限公司 编著

夏靖 主编 程智鹏 陈小兵 刘璐 副主编

中国林业出版社

序 PREFACE

祝贺《千亭集》出版

我在深圳工作多年，见证了特区建设如火如荼，繁荣崛起。所见高楼大厦建筑群相关的书籍浩如烟海，而专题研究亭子这类小型建筑的书籍文献，则稀如晨星。如今喜见《千亭集》出版，十分钦佩。

在我国建筑史上，亭子作为传统建筑体系中重要的组成部分，自古以来有着数千年的悠久历史。它风格独特，精巧玲珑，"有顶没墙，结构简易，就地取材，便于构建"，向来成为百姓乐为休息的小型建筑物，常成为点缀美化景致的园林建筑。

传承中华文化，深入研究亭子建筑的历史由来、形成与发展，未来其建筑形态、结构设计、内外构造、多种新型材料选用、相关新科研成果的应用等诸多元素，以及亭子建筑的新趋势，值得我们建筑专家关注，这在我国建筑史上具有重要意义。

《园冶》对亭子建筑有过精彩描述："花间隐榭，水际安亭，斯园林而得致者。惟榭只隐花间，亭胡拘水际，通泉竹里，按景山颠，或翠筠茂密之阿，苍松蟠郁之麓；或借濠濮之上，入想观鱼；倘支沧浪之中，非歌濯足。"亭子由内向外很美，由外向内也很靓丽，画龙点睛，更是一道风景秀丽的园林景观。

中国园林历史辉煌，园林建筑有棱有角。元人有诗曰："江山无限景，都取一亭中。"一个屋顶几根柱子，外界大空间的无限景色被吸收进来，突破有限，进入无限。亭子建筑，在园林的意境中一直起到很重要的作用，历来扮演着独特的重要角色。随着时代的发展，亭子这一古老的建筑体系有了现代的时尚飞跃。古中有今，洋为我用，可以取得很好的效果。

《千亭集》对亭子建筑的历史由来与现状、未来发展趋势作了广泛地深入研究和探讨，特别是对文献资料的收集整理，难得可贵，为我们深入了解和研究亭子建筑提供了丰富的基础资料。本书引古论今、图文并茂、内容丰富，是在主编的引导、策划下，集体编制的成果，在此谨向编著者和支持者所付出的辛勤劳动表示由衷祝贺。

孟建民

二〇一六年七月

孟建民：中国工程院院士、全国建筑设计大师。

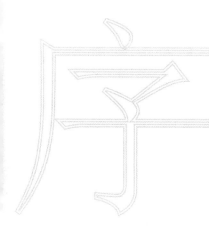

序　PREFACE

序言

1983年我有幸来深圳参加特区建设，之后分管全市园林建设工作多年。特区最初只有一个"水库公园"（现东湖公园），园中唯一的景点"匙羹山"顶上有一亭子，时任国家副主席董必武为其题匾"劳乐亭"。1990年邓颖超等党和国家领导人及外宾来此眺望深圳水库秀丽风景。1985年，我国著名园林专家孟兆祯应深圳市邀请，在刚建成的市委、市政府大院西侧小荔枝林里，主持规划设计修建了一个园林经典作品："红云圃"。景区内以亭子为主景，偌大的琉璃瓦顶，飞檐翘角，凌空挑出，气势磅礴，寄情时世，把当年深圳人勇于探索、"敢为天下先"的精神境界表现得淋漓尽致，让人感怀特区早期建设者开拓创新的高尚情操。今天"红云圃"已划归深圳市老干部活动中心，时隔31年，至今仍金碧生辉。这亭子常迎接全国各地园林专家来此品赏，荣获高度赞扬。

孟兆祯院士1985年在深圳规划设计的实践作品"红云圃"现场照片。2014年7月郭荣发摄。

在深圳园林建设历程中，早期的仙湖植物园、荔枝公园、洪湖公园以及尔后陆续建设的大部分市区公园、郊野公园、重要景区几乎都留下了多种小巧玲珑、出类拔萃、不同格调亭子的苍穹宇空、娇容丽色的身影。

亭子，你从远古走来，你有国人的情怀，你传承了中华民族数千年的文化和历史。几根柱子撑起一个顶，在周代，你曾为祖国边防要塞的小堡垒，亭吏亭立；在秦汉，你曾为地方治安的乡村哨所；在魏晋南北朝的交通要道，你成为民众驿足休憩的场所，迎宾待客，为民遮挡炎阳骤雨；你还曾让数代诗人，在此收获了无数的华丽词句，传颂千秋万代；"数声风笛离亭晚，君向潇湘我向秦"，你也曾经成为有志者奔向征途的出发点。

在中国近代史上，亭子当之无愧地融入大自然的景致中，成为大地上一道道优美的人文景观。古今中外，传统与现代，中式与西式，自然野趣与富贵高雅，亭子已广为世人所喜爱珍惜，如今遍及海内外。

亭子的风采，在诗人妙笔尖上，以其史诗般的情怀、丰富的文化内涵，在新世纪的星空下，照耀着华夏文明，永不被岁月湮没、淡化。园林是一条阳光大道，越走越宽广。亭子永远是天下园林景观中一颗璀璨的明珠，伴随我们一起豪迈地走向园林景观世界更灿烂的未来。

本书《千亭集》，就亭子及其文化的形成和演变、主要特征和运用、未来发展的趋势作了精确概括和描述，是一部图文并茂的精彩之作，是编著团队精心组织策划而成的集体智慧结晶。在此，对本书编著的参与者和支持者所付出的努力与奉献，表示衷心的钦佩和祝贺。

二〇一六年七月

郭荣发：广东省园林学会顾问，曾任广东省园林学会副理事长、中国风景园林学会理事、中国生态学会理事。

千亭集

COLLECTION OF PAVILIONS

第一章 亭子的文化内涵

Chapter 1
Cultural Connotations of Pavilions

在 中国传统建筑和历史文化发展过程中，亭子作为一种功能性很强、形态精巧的小型建筑，有着其独特的重要地位。如此简约的小型建筑，却始终被置于山光水色、庭院深深的亭台楼阁等建筑之首，它虽不如楼阁台榭庄严高大，却是一种画龙点睛式的小品建筑，其重要作用在于点缀，因其小巧轻灵，不拘于地，更多了一重随意性和率真感。

图1-1 亭子是一种画龙点睛式的小品建筑，其重要作用在于点缀，它小巧轻灵，装饰精美，不拘于场地，俏丽多姿。

亭子是人们的小憩之所，山顶水岸、林中花间、片石尺土均可筑亭，日常生活环境中处处可以见到亭子的存在，它既是中国传统建筑和园林景观美学的一种体现，也是各类文学艺术、文化活动的一个重要场所。可以说，亭子是古代文人的钟爱之物，是文人笔下的重要意象，是表达内心情感的一种寄托。亭子作为一种文化载体，自然而然地融入到人文情怀之中，在文学作品、诗词歌赋、丹青描绘中被大量广泛地使用；亭子是人们吟咏抒怀之处，诸多历史文化事件都与亭子有关，诸多诗词、文学作品中都有亭子的身影，甚至以亭子命名；亭子与无数的文墨名流、历史典故有着紧密的联系，亭因人而留名，人藉亭而传情，亭子由此承载了丰富的文化信息和文化内涵，处处透着人文气息。

亭子是一尊见证，檐顶下笼盖着冷暖人生；亭子是一部历史，记载着古今过往情怀。

亭子的人文情怀

"寒蝉凄切，对长亭晚，骤雨初歇……"，在这首被录入中学语文教材、普遍为大家所熟悉的宋词《雨霖铃》开篇的第一句中，一个"长亭"便给我们展开了极具画面感的场景，因为亭子而使我们无限的遐想有了切实的着陆点。在这首词中，小小的亭子不但遮挡了恼人的骤雨，还蕴含了深深的离别惆怅。"多情自古伤离别"，由于亭子最初的基本功能，首先使亭子有了迎来送往的文化含义。

亭子在中国的历史十分悠久，古代最早的亭并不是供观赏的建筑，而是供行人休息的地方。《释名》记载："亭者，停也。人所停集也。"可见亭子是修建在路旁道边供人休息、避雨、纳凉的建筑物。在周代，亭子是设在边防要塞的小堡垒，设有亭吏。到了秦汉，亭的建筑和使用扩大到各地，成为地方维护治安的基层组织和场所。秦制三十里一传，十里一亭，故又在驿站道路上大约每十里设一亭，负责给驿站的传信使提供馆舍、给养等服务。到了魏晋南北朝，代替亭制的是驿。后来亭制和驿制逐渐废弃，但民间却一直有在交通要道修筑亭子为旅途歇息之用的习惯，因而亭子被沿用下来，后来也成为

图1-2 山顶水岸，林中花间，片石尺土均可筑亭，能很好地与周边环境相融合。

图1-3 简单的一个亭子带来一幅宁静而悠然自得的惬意画面。

图1-4 亭子寂然独处，是内心的清静与外在纷杂物象相交融的暗示。

现，成为离情别愁文化情节中最具代表性和象征意义的文字符号，具体有以下几个方面的表现：

其一，这种文化情节首先蕴涵了一种依依惜别的情谊。柳永《雨霖铃》中的长亭画面，渲染的是"执手相看泪眼，竟无语凝噎"的两情依依，雨后长亭中不忍离别的缠绵，令人心碎，感人千年。唐末诗人郑谷在《淮上与友人别》中写到："扬子江头杨柳春，杨花愁杀渡江人。数声风笛离亭晚，君向潇湘我向秦。"诗中的描述正是"送君十里长亭，折支灞桥垂柳"场景的再现，不知有多少这样的场景重复，也不知道有多少离亭见证了这样的道别。诗句富于情韵美的风调，读来既让人感到友情深厚，又不过于沉重伤感。江畔杨柳边的亭中，两位友人默默作别，即将各赴前程，亭子于此处的寓意既是驿亭宴别的终点，亦是各向天涯

图1-5 亭子所出现的地方，往往是山清水秀的风光秀美之地。

人们郊游时驻足休息、迎宾待客的礼仪场所和分别相送之地。而后，亭子逐步演变成为送别地的代名词，"送君十里长亭，折支灞桥垂柳"乃是古人送别的经典场面，特别是经过文人的艺术化加工和文学性的描述，亭子已经被赋予了特定的文化含义，在送别诗词中经常出

图1-6 亭子在文学作品、诗歌辞赋、丹青描绘中被大量、广泛地使用。上图是明代画家沈周的作品，其中展示的长亭话别景象是画卷的点睛之笔。

图1-7 亭子是文人雅士喜爱的畅叙之所，"共游凉亭消暑，细酌轻讴须酒"。在亭上观瀑听松，逍遥自在。

图1-8 "常记溪亭日暮，沉醉不知归路。兴尽晚回舟，误入藕花深处"，为我们展现了另一幅惬意的生活画面，情感寄托，跃然纸面。

的征程起点，酒酣抒怀，情真意切，尽在此亭中。而李白的《劳劳亭》则是直接以亭子来表达人们的离别之苦："天下伤心处，劳劳送客

图1-9 一个简单的小亭子就能带来一处温馨的小空间。

亭。春风知别苦，不遣柳条青。"劳劳亭在今南京市西南，《景定建康志》记载："劳劳亭，在城南十五里，古送别之所。"诗人以亭为题，起句便破题而入，开门见山，不说伤心是离别之事，却道离亭是伤心之处，不谈离别事，不叙离别人，只写送别之亭，因地及事，由亭及人，托物言情，完全以亭着意。"俱在凉亭送使君"，可见亭子在离情

别愁象征性的表意上有着巨大的共鸣。

其二，亭子还表达出一种浓郁的孤寂与思乡情怀。亭子多为独立建造，较少与其它建筑物结合，通透开敞，"凉亭逼旷野"，不

图1-10 皖南齐云山的这个亭子充分展现了如亭之独立、如鹤之高飞、超然于物外、天人合一的道家思想。

图1-11 亭子的独立与文人的孤傲处世有着相似的精神感悟。

论立于哪里，都有一种不依不随、孤寂独立的情绪感受。人在旅途，于山间水岸、道边路旁的亭中小憩片刻，听风避雨，纳凉观景，四野空寂，形单影只、漂泊四处的艰辛感不由自主地涌现，此间，倍感故乡家园的亲切，思乡之情油然而生。李白在《菩萨蛮》词中写道："何处是归程，长亭更短亭"，借物抒怀，借"亭"之孤立，喻人之孤独。长亭又短亭，亭亭相望，回乡之心切，离家之惆怅，一缕乡愁家思，尽在这一长一短之亭中。唐代唐彦谦有"东海穷诗客，西风古驿亭。发从残岁白，山入故乡青。"的诗句，道出了望乡的愁苦。

其三，亭子的独立，也被文人隐士作为傲然不羁、淡然独处的心意表达，是内心的独处，又是放眼四周的出世、入世的思想隐喻，是修心的宁静与外在纷杂物象相交融的暗示，寄托了文人一种复杂、委婉的处世襟怀。晚唐诗人韩偓写的《南亭》诗："每日在南亭，南亭似僧院。人语静先闻，鸟啼深不见。"在这幽静之中，"行簪隐士冠，卧读先贤传。更有兴来时，取琴弹一遍。"一幅悠然快意的画面。文人画中，亭子的出现最为频繁，无论画山画水多么壮丽，所有寓意和格调全在画中那似乎不经意画上去的亭子上。《沧浪亭记》中的"前竹后水"、"风月相宜"，完全是寄情山水、傲然自得的情绪写照。柳宗元被贬官永州，将自己所筑之亭命名为"愚亭"，更多的是包含了睥睨官场的愤慨与自嘲。

亭子是文人雅士喜爱的畅叙之所，"共游凉亭消暑，细酌轻讴须酒"，亭子更是文人的寄托之物。曾巩的《醒心亭记》中借助记游"醒心亭"，抒发了一种忧国忧民、积极进取的政治豪情。苏辙在《黄州快哉亭记》中，以亭说景，以亭言志，表达了面对磨难从容淡定的生活态度。苏东坡喜雨，因雨而筑亭，命名为"喜雨亭"，正是亭子既内敛又开放这一独特的形式格局，成为作者旷达乐天情怀的寄托。在其《放鹤亭记》当中，作者又阐述了一种所向往的如亭之独立、如鹤之高飞的超逸人格。明朝诗人高启的诗句"欲觅凉亭会中友，几人边谪未能归"中，满含作者对当年亭中好友相聚的回忆。李清照的《如梦令》，"常记溪亭日暮，沉醉不知归路。兴尽晚回舟，误入藕花深处"，则为我们

展现了另一幅惬意的生活画面，情感寄托，跃然纸面。

不仅仅是诗画，在其他文化艺术作品中，也都留有亭子的身影。

"春秋亭"是京剧《锁麟囊》中，富家女薛湘灵和贫女赵守贞情感交集、仁义德美之举的媒介。富、贫二女同日出嫁，途中遇雨，均至春秋亭中避雨，"春秋亭外风雨暴，何处悲声破寂寥"，赵守贞的悲伤啼哭致薛湘灵以价值连城的锁麟囊相赠。六年后遭洪水，薛湘灵与家人失散，逃至莱州，在卢员外宅中做了看小少爷的老妈子。原来卢夫人即赵守贞，由此上演了一出感恩的故事。面对着春秋亭，薛湘灵深知："世上何尝尽富豪，也有饥寒悲怀抱。"面对着春秋亭，赵守贞领悟："人情冷暖凭天造，谁能移动它半分毫。"古人以纯朴的世界观看待社会，而亭子在这里成为人生的一个交汇点，以相互渗透的内外空间，为两者的心灵沟通搭起天然的桥梁。

"牡丹亭"是汤显祖笔下最美的伊甸园，是中国

图1-12 珍贵的宋代画作，不仅传达了当时的文人情怀，也将亭子进行了细致入微的描绘。

版的《罗密欧与朱丽叶》。贫寒书生柳梦梅和大家闺秀杜丽娘梦中幽会于牡丹亭畔，不料丽娘自此久病不起，最终撒手人寰。三年后，柳梦梅赴京赶考途中，经过牡丹亭时，纯真的爱情唤醒了墓中的恋人，杜丽娘魂游后园，柳梦梅掘墓开棺，二人终成眷属。牡丹亭是一个时代潜藏思维的折射，是透过坚固制度堡垒的裂缝漏洒出来的一丝光芒，是人类内心深处的人性表达。"花中之王"牡丹象征着华丽，泛指美若天仙的女子，杜丽娘的感情如牡丹一样在绚烂的季节应时而开，洋溢着美好的浪漫主义理想。汤显祖的神来之笔，在于他选择了亭子作为媒介，又以牡丹而命名，亭的独立与开放衬托了牡丹的超凡脱俗，珠联璧合，相得益彰，寓意深远。

历史上的四大名亭

"世间之大莫过于一亭之间"，从文化内涵的角度来说，此言并不夸张。古今中外的亭子虽有各种造型，但基本结构都是相同的：一个顶，几个柱，中间是空的。就是这么一个小小的空间，包含了万事万物，苍穹宇空。中国历史上广为人们熟知的四大名亭：醉翁亭、陶然亭、爱晚亭和湖心亭，分别位于滁州、北京、长沙和杭州，它们各自的娇容丽色、飞檐翘角，蕴藏着整个华夏文明。

醉翁亭坐落在安徽省滁州市西南的琅琊山麓，东临南京，西连合肥。宋代古文运动领袖欧阳修的传世之作《醉翁亭记》，写的就是此亭。醉翁亭紧靠峻峭的山壁，飞檐凌空挑出，清幽秀美，四季皆景。山中沟壑幽远、林木葱郁，亭中红柱绿瓦、古朴静谧，历代书法家的碑刻感怀时世、寄情山水。醉翁亭因欧阳修闻名退迩，被誉为"天下第一亭"。一句"醉翁之意不在酒，在乎山水之间也"，把欧阳修热爱大自然、安民乐丰的内心世界表达得淋漓尽致。

图1-14 "慧眼光中，开半宙红莲碧沼；烟花象外，坐一堂白月清风。"北京的陶然亭是清代名亭，现为中国的四大历史名亭之一。陶然亭面阔三间，进深一间半，面积90平方米，红柱配苏式彩画。

图1-15 陶然亭是新中国建立后，首都北京最早兴建的一座现代园林式公园，其地为燕京名胜，素有"都门胜地"之誉，年代久远，史迹丰富。

图1-13 醉翁亭坐落在安徽省滁州市西南琅琊山麓，东临南京，西连合肥。宋代古文领袖欧阳修传世之作《醉翁亭记》，写的就是此亭。

图1-16 陶然亭公园内的湖心亭是仿造杭州湖心亭建造的，但已然成为北方亭子的样式，有着皇家建筑的华丽。

图1-17 陶然亭公园内也有一座醉翁亭，仿造安徽滁州的醉翁亭。

图1-18 陶然亭公园内可以说是名亭荟萃，充分利用亭子来达成园林的意境感受。

　　陶然亭建于清康熙三十四年，为面阔三间、长方形三重檐的敞轩式建筑，初名为"江亭"，后取字于白居易诗"更待菊黄家酿熟，与君一醉一陶然"，更名为"陶然亭"。亭子位于燕京名胜，都门佛地。陶然亭所处之地，地势较高，周边楼阁参差，亭台掩映，花草繁茂，景色宜人，亭与景结合，相互映衬，颇受文人墨客青睐，每逢三秋，来此登高之人络绎不绝，盛极一时。近代陶然亭，更有着光辉的历史篇章。"五四"运动前后，李大钊、毛泽东、周恩来、邓中夏、恽代英都在此进行过革命活动。俞平伯《陶然亭的雪》一文，详细追忆了友朋在雪天游览陶然亭的所见所闻所感。"烟笼古寺无人到，树倚深堂有月来"是陶然亭的真实写照。

图1-19 爱晚亭与周边的红叶相映衬，因杜牧诗意和红叶而得名。

　　爱晚亭位于长沙岳麓书院后青枫峡的小山上，八柱重檐，攒尖宝顶，内柱为红色木柱，外柱为花岗石方柱，天花彩绘藻井，蔚为壮观。亭子建于清乾隆五十七年，因周边满山红叶，故命名为"红叶亭"。传

说清代博学名士袁枚，在游览岳麓山风光时，行至红叶亭前，为这里的景致所陶醉，看到枫叶如丹，不觉吟诵唐代诗人杜牧的《山行》，"停车坐爱枫林晚，霜叶红于二月花"，景与诗颇为协调，遂建议改名为爱晚亭。于是，爱晚亭之名流传至今。现在的"爱晚亭"三字是1952年湖南大学重修此亭时，校长李达请毛泽东主席亲笔题写的。

图1-20 杭州西湖的湖心亭。西湖有三岛，大岛三潭印月，小岛阮公墩，湖心亭第二大，称为蓬莱，统称湖中三岛。湖心亭建于嘉靖三十一年，后一九五三年又重建。湖心亭四面环水，花柳相映，其中的"虫二"碑相传为乾隆所题。

　　湖心亭坐落在杭州西湖中，始建于明嘉靖三十一年。该亭为楼式建筑，四面环水，登楼眺望，湖光荡漾，环山屏立，是清代西湖十八景之一。湖心亭在西湖中央，位于西湖"蓬莱三岛"中的"蓬莱"岛，岛上立此亭，三潭印月是"瀛洲"，阮公墩是"方丈"。明末清初的散文家张岱，曾有传世之作《湖心亭看雪》，全文不足二百字，融叙事、写景、抒情于一体，看似微不足道的观雪经过，却表达了不与权势同流合污的孤寂愁绪，卓然不群的高雅情趣，偶遇知己的喜悦和离别的惋惜，更寄托了人生渺茫的感慨。由此奠定了湖心亭经久不衰的历史地位。

图1-21 陶然亭公园中的"百坡亭"是仿照四川眉县三苏祠内的百坡亭而建。它是一座桥亭，下部为桥，上部一亭两廊，亭在中间，六角攒尖顶，顶部呈瓶状，内插荷花莲蓬，廊脊两端有独角异兽。亭内有美人靠座椅，廊两侧有栏杆，亭内四面悬匾额"百坡亭"，是以东坡《泛颖》诗中"乱我须与眉，散为百东坡"之意而定名的。

图1-22 浸月亭在江西省九江市甘棠湖中，六角攒尖顶，翼角翘然，亭影映于水中，诗意盎然。元和十年（815年）白居易被贬江州，任江州司马，因湖中有一土墩，于是建亭其上，后人根据白居易《琵琶行》诗中的"醉不成欢惨将别，别时茫茫江浸月"，将此亭命名为浸月亭。图中亭子为陶然亭公园仿制，亭下有水，与园中百坡亭相对。

亭子的身边故事

　　亭子早已成为一种实用性与文化性相结合的形象，它的使用频率越来越高。亭子的古朴、典雅、俊秀、清纯，总会让它恰如其分地嵌入到周边的自然景致中；亭子特有的千变万化的美貌，万变不离其宗的内敛气质，令人心旷神怡的文化承载，使之很快成为与自然风景相结合的又一道人文景观。

图1-23 由郭沫若题写匾额的"朱碑亭"巍然矗立于武汉东湖西一峰。

　　1954年，朱德畅游东湖，看到三面环水、六峰相连、山水相依、郁郁葱葱的东湖美景时欣然挥毫："东湖暂让西湖好，今后将比西湖强"，给武汉人民巨大鼓舞。1982年，21米高的二层四角攒尖顶、绿瓦单檐、红漆圆柱、由郭沫若题写匾额的"朱碑亭"，巍然矗立于东

湖西一峰，建筑面积157平方米。三十几年过去，来自世界各地的游客如织，人们悉数伟人的嘱托，登亭远眺，极目楚天，沿着朱老总的发展思路，遥望波光粼粼的湖面，一点一滴丈量着东湖和西湖的差距。显然，选择用朱碑亭纪念伟人的方式是武汉东湖风景区的点睛之笔，迄今为止，尚不清楚这一笔的来龙去脉，但有一点可以肯定，亭子独特的点景作用不容置疑。

图1-24 兵谏亭原是1946年由胡宗南发起，黄埔军校七分校全体士官募捐而建的"正气亭"。

　　西安有一座小亭，只有4米高、2.5米宽，是1946年由胡宗南发起，黄埔军校七分校全体士官募捐而建的"正气亭"。它虽是一个不起眼的小亭，却与一个重大的历史事件联系紧密，这个事件就是西安事变。1936年12月12日凌晨4时许，张学良、杨虎城带兵对华清池形成包抄之势，酣睡中的蒋介石突闻枪响，仓惶出逃，藏于半山腰石峡洞内，很快被搜山部队发现，扶掖下山，送往西安。震惊中外的西安事变，是中国近代史上的一个重要转折点。在蒋介石的被捕处，最早建起来的"正义亭"，在新中国成立后，更名为"捉蒋亭"，1986年12月，纪念西安事变50周年前夕，再次易名为"兵谏亭"。这个位于西安骊山西绣岭虎斑石处的小亭，将永远镌刻着一段惊心动魄的历史。

　　立"名人亭"颇为壮观的当数江苏淮安和浙江绍兴。古都淮安文化底蕴浑厚，九省通衢，五水交汇，是名扬全国的运河之都。淮安自古名人辈出，史有韩信、吴承恩、梁红玉、关天培、周恩来、周信芳等。淮安人在位于市中心北门大街的环岛上修建了一座中西合璧的"名人亭"，以飨江淮大地父老乡亲。

　　名人之都绍兴物华天宝、人杰地灵，是公认的"山清水秀之城、历史文物之邦、名人荟萃之地"。从王羲之、陆游、贺知章、秋瑾、鲁迅、蔡元培、朱自清、马寅初、钱三强，到谢晋、陈道明、六小龄童，他们的雕像被一一树立在绍兴越城区解放南路的名人亭，骨子里浸透聪慧的绍兴人用华丽的亭子点缀了一座极具文化价值的名人广场。

图1-25 晚霞灯光中的湖心亭另有别致，国内另有多处著名的湖心亭。

亭子的古韵墨香

在中国辽阔的大地上，小小亭子，不分东西南北中，凸显了一个美字，美在它的独立而完整，赏心悦目；美在它与文学艺术的结缘，给人们以艺术享受；也美在它所启发的无限想象中。不论春夏秋冬，细细品味，在聆听亭子述说的风流遗韵时，你又会发现，几乎每一个亭子都有一个美丽的名字，亭子背后都有许多美丽的故事，有南来北往的文人骚客为之舞文弄墨，这就是亭子的魅力。

驻足杭州湖心亭，读郑烨一联，心头顿觉清新："亭立湖心，俨西子载扁舟，雅称雨奇晴好；席开水面，恍东坡游赤壁，偏宜月白风清。"再读康熙名联，更觉字字传神："波涌湖光远，山催水色深。"

北上陶然亭，林则徐点石成金："似闻陶令开三径，来与弥陀共一龛。"阮崇德一酒独樽："长戈满地，一亭独幽，客子河梁携手去；把酒问天，陶然共醉，西山秋色上衣来。"

南下闽南列岫亭，方士模欣然留墨："卜筑踞层巅，看浪影茫然，一曲渔歌山月白；栽培思旧德，顾桑

图1-26 元好问墓的这座碑亭精巧之极，令人赞叹，北方特有的青砖构筑基座在古朴敦实的基础上，不乏精细，与亭子的古雅之美相得益彰。

图1-27 江西九江的琵琶亭，名联、墨宝云集。

图1-28 每一个亭子都有许多美丽的故事。

图1-29 每一个亭子都有南来北往的文人骚客为之舞文弄墨。

阴沃若，千家蚕织夜灯红。"海峡彼岸的阿里山古月亭也有"满地花阴风弄影，一亭山色月窥人"的好联。

"天下第一亭"的楹联也和醉翁亭一样闻名遐迩，香飘世界："翁去八百年，醉乡犹在；山行六七里，亭影不孤。""人生百年，把几多风光琴尊等闲抛却；是翁千古，问尔许英雄豪杰那个醒来。""泉声如听醉翁操，海日已照琅琊山。"

行至岳麓山爱晚亭，秦瀛的亭联映入眼帘："无限夕阳千树叶，四围空翠一亭山。"佚人的"晚景自堪嗟，落日余晖，凭添枫叶三分艳；春光无限好，生花妙笔，难写江天一色秋"，尽阅亭中沧桑。

苏州沧浪亭上的"清风明月本无价，近水遥山皆有情"，是清代学者梁章钜题写的集句联，将欧阳修的《沧浪亭》与苏舜钦的名句联为一体，不仅述说了建亭的过程，也写出了亭与景交融的风月山水。

济南历下亭，有清代书法家何绍基手书的杜甫联句"海右此亭古，济南名士多"，而"历下亭"三字则是清乾隆皇帝手书。诗书名士，古往今来，交汇于一亭。

图1-30 人们无需去探寻亭子的源头、出处和功能，仅在这自然天成的奇境美景中，尽享景与亭之间相得益彰的融合所带来的诗情画意。

图1-31 到处溪山如旧识，此间风物属诗人。

图1-32 亭子所表现出的丰富内涵，正是中国人心灵与思想的写照，是追求与外界融为一体同时又保持内心独立和自由的写照。

再看九江琵琶亭上的启功浓墨："红袖夜船孤，虾蟆陵边，往事悲欢商妇泪；青衫秋浦外，琵琶筵上，一时怅触谪臣心。"还有关成玉的绝联："亭起我重来，犹觅梦中红泪，眼下青衫，天涯萍迹同情处；曲终人不见，独留岸畔荻花，江心秋月，水面烟波似旧时。"

由名亭牵出的名联令人赏心悦目，好似"到处溪山如旧识，此间风物属诗人"。

亭子所表现出的丰富内涵，正是中国人心灵与思想的写照，是追求与外界融为一体同时又保持内心独立和自由的写照。

亭子在中国传统建筑和传统文化中有着毋庸置疑的重要地位，它既是中国建筑和园林景观的一种体现，也是各类文学、文化的一个重要载体，人们无需去探寻亭子的源头、出处和功能，只需在这自然天成的奇境美景中，尽享景与亭之间相得益彰的融合所带来的诗情画意，引发对人生、对历史的认知，这番愉悦，悠哉其中、不亦乐乎。

千亭集
COLLECTION OF
PAVILIONS

第二章 亭子在风景园林中的运用

Chapter 2
The Application of Pavilions in
Landscape Architecture

亭子的发展与演变

亭子的历史可以上溯到商周以前。从有文字记载来看,"亭"一词的出现,目前发现最早的记录是先秦时期的古陶文和古钵文。在秦以前对亭子的记载与描述并不完整,这也可以从侧面看出,那时亭子的发展或许尚未十分成熟,但秦汉以后,亭子的使用就十分普遍了,它是一种实用性、装饰性很强的建筑形象的总称。从亭子的发展轨迹来看,其功能和形式变化很大。早期的亭子以实用为主,后来逐渐往休憩观赏方向发展,特别是古代高级知识阶层对它的关注和在造园艺术中的广泛使用,使亭子在建筑形式、构筑手法、材料使用、文化寓意、装饰元素等各方面都产生了极为丰富的变化,使之愈加精巧,美丽多姿。宋代的《营造法式》中就详细地描述了多种亭子的形状和建造技术。

从目前关于亭的研究资料看,普遍认为魏晋时期是亭子发展演变过程的一个分水岭,魏晋以前的亭子重在实用,魏晋以后的亭子重在观赏。

功能性时代

图2-1 亭子最早的功能是边防报警之用。这是敦煌阳关附近的古董滩,阳关古城遗址就在这一片沙砾的10米之下,可以想象早期的边关警亭大致是这种状态。

亭子就其功能而言大致可分为四类,一是边防报警之用。亭子在商周时期出现,是出于实用的需要,一般建立在边防要地上,类似后来的边防烽火台、望楼,称为烽火亭、亭燧、亭候、亭障等,设有小吏驻守办公。显然这

图2-2 根据记载推测复建的警亭,抬升高度,四面通透,便于瞭望。

图2-3 在城墙上修建的瞭望亭,非常普遍。

图2-4 山西王家大院墙头连续布置有多处瞭望亭。

不是供居民使用的民用建筑,而是一种观察、眺望、报警的军事化设施,所以,《风俗通义》上讲:"春秋国语,疆有寓望,谓今亭也。"是"伺候望敌之所",戎亭息警,著名的"烽火戏诸侯"的典故说的就是这类事。

二是休息停留、躲避风雨之处。战国时代,逐渐出现了驿亭、邮亭和客亭,往往设在通衢大道边,给旅途奔波的客人休息,"盖行旅宿食之所也",因此,《说文解字》对"亭"字的描述是"亭者,停也。"民间有春秋战国时期鲁班奇思妙想,发明"鲁抬梁"、"土堆亭"的办法,指点建造了"春秋亭"的传说。而邮亭更是当时重要的文书传递的公共设施,《东观汉记》中记有:"凿山通路,列亭置邮。"

图2-5 随着历史的发展,亭子功能更加综合化,此城墙上的亭子就有了休息、躲避风雨的作用。

图2-6 战国时代，逐渐出现了驿亭、邮亭和客亭，往往设在通衢大道边，供旅途奔波的客人休息，我们现在只能从画像石看到那时亭子的大致轮廓。

图2-7 汉代亭子在细节上也有着较为细腻的构件上的变化。

图2-10 半山小亭，既是观景台，也是休憩场所。

图2-8 汉代亭子造型大方，装饰细腻豪华，同时也可以看到围绕亭子而展开的大型宴饮欢庆的场景，檐角有些精巧的造型，但还没有出现反翘的方式。

图2-11 敦煌阳关仿建的汉代风格的亭子。

三是行政治所之所在。秦汉时期，中央集权的政府将集权统治扩展到各地，出现了一种政权形式的亭，成为维持地方治安和行政管理的基层单位，"亭亦平也，民有讼事，吏留辨处，勿失其正也。"是职司的所在地。大概是十里一亭，十亭一乡，亭设有"亭长"管辖。历史上最著名的亭长是汉朝的开国皇帝刘邦，曾任沛县泗水亭长，并在任上组织集合三千子弟起义，最终夺取天下。值得一提的是，汉代亭子兼具了报警、管理

图2-9 邮亭在秦汉以后成为重要的驿站。江苏横塘驿站的邮亭是目前保留的唯一的邮亭遗址。

图2-12 亭在历史上还是一种政权的办公场所，是维持地方治安和行政管理的基层单位，"亭亦平也，民有讼事，吏留辨处，勿失其正也"，是职司的所在地。在这幅五代时期著名的《闸口盘车图》上，可以看到画面上方一左一右各有一个亭子，左侧亭子中有身着官服的官吏在办公。

等多项复合职能，《汉书·西羌传》载："初开以为郡，筑五县，边海亭燧相望焉。"这时的亭子往往建于高台之上，既能瞭望，又有"楼"的标志性作用，西汉末年王莽篡位时，曾将都城十二门更名为"亭"。

四是日常活动的中心。随着城市的扩大与繁荣，城市及其周边也出现了许多满足城市功能和居民日常活动需求的亭子构筑，如市亭、街亭、都亭、路亭、渡亭等。《续汉书·百官志》载："雒阳有市长，盖即于市亭为官寺，与周制同。"城市里出现了供人们休息集会、沽酒小酌的较大体量的亭子，这在汉代的画像石中有大量生动的描绘，不少画面展现出一种明显的礼仪场景，而且亭子的样式也有了丰富的变化。"市亭忽云构，方物如山崞"（唐储光羲《贻余处士》诗），"唯有市亭沽酒客，俚歌声到日西

图2-13 亭子往往与高台相结合，山西介休城隍庙亭子便是建在高台之上的。

图2-14 河南登封中岳庙前的遥参亭与高台基座。

图2-15 圆明园四十景之一"平湖秋月"中，右侧的亭子建立在一个较大的高台之上，便于观景眺望。

斜"（宋曾巩《寒食》诗），从这些诗句可以看出亭子是当时人们很多日常活动的中心。路亭、渡亭以及城市周边的长亭、短亭更是人们迎宾送客的主要场所，也成为一种与别离、旅愁相关的极富伤感情调和诗情画意的风景建筑。

从亭子的基本类别可以看出，亭子的出现和发展一开始均是以某种朴素的实际需求而产生的，后来的一些建筑也是以亭子为基础演化而来，随着时代背景的变迁，亭子也开始呈现出一种新的面貌。

图2-16 桥头休息亭，材料寻常，形状复杂有特色。

图2-17 宽大舒展的溪边亭子，田间劳作的人们可以聚在这里一边休息一边拉家常。

图2-18 跨溪桥亭，简陋却不失情调。

图2-19 山道中间的路亭，为登山的人们提供休憩歇脚之所。

图2-20 山谷中的亭子，与环境相融合。

图2-21 碑亭起着重要的防护作用，被大量建造使用。图为沙漠中的碑亭。

图2-22 北京碧云寺内乾隆御制金刚宝座塔碑亭，建于清乾隆十三年（公元1748年），建有两座，为重檐八角攒尖顶，采用砖石建造，极具特色。

图2-25 两晋以后，造园活动兴起，亭子作为点景建筑在园林中大量使用，亭子开始转化成游玩、观赏性建筑。

观赏性时代

在魏晋时期，特别是在两晋，社会的发展产生了巨大的变化。连年战乱后，西晋完成了统一，同时，在这个时期出现了在政治和经济上都有着极其优厚待遇的士族阶层，他们是在社会统治中起着主导作用的特权阶层，担当重要官职却不理政事，拥有大量田地，封山占水，实行庄园经济。士族生活优裕，有条件从事文化事业，而东晋南朝时期，南方相对安定，经济发展迅速，特权使得士人颇显自信，风流潇洒，不滞于物，不拘礼节，多特立独行，又颇喜雅集，因而东晋南朝时期在哲学、文学、书法、绘画、科学上有较多的成就，并且富有特色。士族在南方建立的田庄、山墅推动了对江南荒丘野泽的

图2-23 乾隆御制重修碧云寺碑亭，造型及装饰繁复华丽。

图2-24 故宫博物院收藏的《兰亭修禊图卷》。

图2-26 此亭与当年的水中兰亭相仿，特立独行，令人遐想。

开发，也推动了园林的发展。亭子作为点景建筑出现在园林中，最早的史料记录是北魏郦道元所著的《水经注》："湖口有亭，号曰兰亭，亦曰兰上里。太守王羲之、谢安兄弟，数往造焉。"这里记叙的正是东晋士族们观景、造园的事情。据文献记载，兰亭是东晋书法家王羲之的寄居之处，风景秀美，汉时曾设驿亭，故名兰亭。兰亭最初是建于湖口的路亭，为了更好地观赏湖光山色和游览的方便，将亭移至水中，于

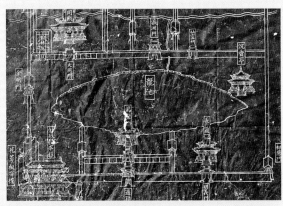

图2-27 明清以前的亭子已经没有实物可考，我们只能从传世的画作中略作了解。这是现存的唐兴庆宫碑刻拓片，图中龙池东侧就是与杨贵妃有关的沉香亭，可以看出规模不小。

图2-28 南宋刘松年的《四景山水》图上，呈现的是宋代亭子的精美。

是，自然风景被赋予了人文色彩。这里成就了著名的"兰亭雅集"、"曲水流觞"的典故，更是书法史上的第一行书《兰亭序》的诞生之地。这个时期的亭子，功能和作用发生了很大的变化，造亭目的已与汉代以前的不同了，功能性的亭子开始转化成游玩的观赏性亭子。

隋唐以后，亭子是各种园林发展和营造中不可缺少的建筑。《大业杂记》中记载，隋炀帝曾辟地二百余里建西苑，其中造逍遥亭，"八面合成，结构之丽，冠

图2-29 南宋的这幅画作中，凉亭内外的结构、布置，刻画极为详细。

绝古今"。特别是在唐代，呈现出一个建亭的高峰期。唐朝国力强盛，长安城宫苑壮丽，亭子也在宫苑中大量出现，如大明宫中有太液池，中有蓬莱山，池内有太液亭；又有兴庆宫，由多重院落组成宫苑，内有龙池，龙池东侧建筑群的核心是杨贵妃所倚的沉香亭。从现存的西安碑林中宋代摹刻的《唐兴庆宫图》可以看到，沉香亭是一座面阔三间的重檐攒尖顶的方亭，宏伟壮丽。从唐代有关记载亭子的诗、文中，可以发现有木、石、竹子等不同材料建造的亭子；敦煌莫高窟唐代修建的洞窟壁画中，则可以看到亭子的形象样式已经十分丰富，平面形状、柱式、顶子的构造、装饰构建等更为复杂和精巧，可以说唐代的亭子建筑已经奠定形制的基础，并被一直沿用下来，和流传到明、清时代的亭已大致相同了。另外，中国园林自唐代出现了诗人和画家自成体系的"文人园林"，是私家文人化园林的萌芽和初创期，诸如王维、柳宗元、杜甫、白居易等这些著名文人的参

图2-30 在南宋画家夏圭的《溪山清远图》中出现了桥亭。

图2-31 明清的亭子，不论南方、北方，都有着不同的装饰美感和观赏价值。

图2-32 普通的休息亭，在选址上也是非常考究的，很关注亭子与周边的关系。

图2-33 文化的交流和融合使亭子出现越来越多的混搭风格，丰富了亭子的形象语言。

图2-34 西方的建筑语言，中式亭子的功能搭配。

图2-35 西式亭子的外形与中式彩画结合，丰富了其精神内涵。

与给园林增添了一层浓郁而格调高致的文化色彩。他们对不拘于形亦不拘于地，构造简便、精巧雅致的亭子都偏爱有加，都有不少描写亭子的诗篇。在王维所营建的、中国园林史上著名的辋川别业中，于欹湖岸边便筑有"临湖亭"。

宋代的亭子建造十分普遍，从绘画作品、文字文献中可以看到大量造园建亭的记载，不但宫室苑囿、豪门庭园多有筑造，在乡野民间、村宅水边、田园道旁，也随处可见各种功能不同的亭子，与各种环境有机结合，优雅美丽。在宋代遗存下来的绘画中，对亭子有着精到的描绘。北宋李诫编著的《营造法式》，不仅详细地讲述了亭的形式和建造技术，还将亭的建筑规范化和标准化，此后，亭的建造均在此基础上演变。

我们现在所看到的历史遗存的古典亭子，绝大部分是明、清时期所建。这个时期亭子的建造，集中了我国古典建筑的精华，不仅形式

图2-36《圆明园四十景》图册中，能够看到各种各样的亭子，美不胜收。这幅"上下天光"里，亭子与曲桥栈道的结合是关注点。

图2-37 "方壶胜境"前景中的亭子华丽宏伟，高台大座，皇家气派十足。

图2-38 复建的圆明园中西合璧石亭。

多样，建造范围广泛，而且对亭子环境位置的选择、意境的打造、文化的内涵追求，都显示出前所未有的重视。这个时期的各种工程、营造著作中均有论述亭子的篇章。清代内务府营造司还专门编纂了《各种亭子做法》的专著，图文并茂，对亭子的形式、选址和做法等，均做出了规范性的论述。

目前，随着社会经济的迅速发展和生活水平的提升，人们对精神生活的诉求和对环境品质的要求越来越高，许多历史记载和历史遗留的古典亭子大多得到了保护、维修和重建。随着园林景观和城市绿化的建设与提升，旅游业蓬勃发展，各种具有时代气息的新颖的亭子层出不穷，使得将早期的实用性和后来的观赏性、文化性集于一身而形式多样、灵活多变的亭子，再次成为人们喜爱、关注的重点。

西方的亭子与中西结合时代

欧洲园林又称庭院文化。园林艺术并非中国的专利，人们对大自然的青睐、对美的追求是不分肤色、不分种族的。每个国家都有适合它的地域特点、民族传统的园林艺术风格，相对而言，欧洲的园林艺术在我们这里多见一些，并逐渐与中国园林审美情趣相融合，从而出现了一些中西结合的亭子构筑。

图2-39 雅典列雪格拉得音乐纪念亭。

图2-40 英国爱丁堡，图中右边的八柱圆顶亭子是杜格尔德·斯图尔特纪念亭。杜格尔德·斯图尔特是爱丁堡大学的哲学教授，这座纪念亭建于1831年，出自建筑师威廉·亨利普莱费尔的设计，以希腊雅典的列雪格拉得音乐纪念亭为蓝本。

图2-41 在人工美的规则式园林和自然美的自然式园林中，亭子都有使用，其思想理念、艺术造诣精湛独到。

　　西方的亭子，从其发展轨迹来看，并没有像中国亭子那样形成一个完整的建造体系，也没有被赋予丰富的文化象征意义。西方早期的亭子建筑多以小型纪念性建筑、简约化的神庙的面貌呈现，虽然与我们认识的亭子有一定差异，但也称之为亭。著名的雅典列雪格拉得音乐纪念亭就是这类建筑的代表，曾经盛极一时，但这是现在仅留存的一座。在英国的爱丁堡，建于1831年的杜格尔德·斯图尔特纪念亭，是一座八柱圆顶亭子，其设计蓝本便是雪格拉得音乐纪念亭。尽管有些亭子也极富创意和变化，展露出别具一格的姿态，但绝大多数

图2-42 西方园林，源于古埃及、古希腊园艺，在千年的演变过程中，逐步形成了法国古典主义园林和英国自然风景式园林两大流派。

亭子建筑，还是融合在建筑史风格的演变中，没能独立发展，实际应用也不广泛。

　　中国与西方的造园都要求自然，但中国人与西方人对自然的理解和所持的态度不同，这也造就了中西方两种不同的造园风格。中国文化崇尚人与自然的和谐，"虽由人作，宛自天开"是一种较为抽象的天人合一的理念，更加偏重于精神感受，强调写意式的表现手法；而西方文化的思维方式则比较具象，讲求独立性和理性，更加重视科学与实用，这使中西方在园林营造体系上展现出巨大的差异。这种差异也使得西方的亭子在风景园林中的应用另有规则。西方园林，源于古埃及、古希腊园林艺术，在千年的演变过程中，逐步凸显了法国古典主义园林和英国自然风景式园林两大流派，并以人工美的规则式园林和自然美的自然式园林为造园风格，其思想理念、艺术造诣精湛独到。

　　规则式园林的特点是：气势恢宏、视野开阔、严谨对称、构图均衡，花坛、雕像、喷泉等装饰丰富，具有庄重、典雅、雍容华贵的气势。西方古典主义园林中的亭子沿袭了古希腊、古罗马的传统建筑形式，平面多为圆形、多角形或多瓣形，立面的屋身、檐部和基座一般按古典柱式，有的也采用拱券，屋顶为弯顶、锥形顶或平顶。由于大

图2-43 澳大利亚小镇公园里很有特色的亭子。17世纪后期，凡是在花园中的小建筑，都可称之为亭，其基本定义是花园或游戏场上一种轻便的或半永久性建筑物。

图2-44 虽然时代、地域和文化背景不同，但亭子的功能大同小异。

图2-47 土耳其伊斯坦布尔伊斯兰风格的彩砖亭。

图2-45 印度杰沙莫尔嘉希莎水库中的休憩凉亭。

多数采用的是砖石结构承重体系，造型上比较敦实、厚重，体量也较大。在亭子的布局和使用上，显得较为机械，有明显的约束感，远不如中国亭子那样随心所欲、灵活多变，其更多的是追求庄严稳重、醒目突出，在园林中常独立设置或成双地对称布置，成为轴线或区域中心，这些都与中国式园亭的建造风格迥异。

而自然风格的园林多走净化之路，更注重园林功能的开发运用，强调以人为本的设计，看起来简洁、浪漫、高雅，用小尺度并具有不同功能的空间来构筑花园，重点在于自然材料的运用。园林中亭子材料多样，

使用也较为轻松，但不像中国园林那样普遍。

17世纪后期，凡是在花园中的小建筑，都可称之为亭，其基本定义是花园或游戏场上的一种轻便的或半永久性的建筑物。亭子具有多种形式，大多是结构设计简单大方而开敞、带有屋顶的小型建筑，最初是为了举行户外宴会或舞会而建。

虽然时代、地域和文化背景不同，但东西方文明的交流与相互融合，文化的多元与混搭，使得西方亭子的概念和使用与中国大同小异，在我国也广为使用，形成了中西结合的新发展。北京郊外的圆明园中，就有清代乾隆时期建造的欧式味道浓郁、中西结合的亭子，原物已经损毁，现在看到的是按照保存下来的图纸重新修建的。现代西方亭子的使用更加广泛，设计上更加新颖与开阔，创意十足，新工艺和新材料也在不断地被尝试，令人耳目一新，这些都值得我们认真研究和学习。

图2-46 简洁、浪漫、高雅，小尺度，与环境协调，中西文化审美在这一点上有着异曲同工之处。

亭子在风景园林中的应用

亭子在中国传统建筑中是一个最为积极活跃的元素，体量小巧而完整，亭亭独立，有顶无墙，四方通透，八面合成，勘点布局，自由灵活，几乎是无处不可置，置亭便成景，有着画龙点睛的妙用。明代计成在《园冶》中有讲述："亭胡拘水际，通泉竹里，按景山颠，或翠筠茂密之阿，苍松蟠郁之麓。"可见其适建范围之广。亭子的运用，总起到画龙点睛的作用，它那独有的魅力早已超越了亭子本身，把它放在哪里，哪里就显现出一种情景交融的景致。

亭与自然风景

亭子被广泛使用的一个重要因素就是小巧。因为小巧，建造起来人力、物料节省，占地小，

图2-48 亭虽为观景休憩之用，但从它建成的那一刻起，其自身也成为景中之景。

图2-49 "望"即是观景，在风景极佳之处的观赏点，是建造亭子的主要位置。

图2-50 华山之巅的石亭，位置险要，观景效果极佳。亭子不要求形制与体量，重在实用，与环境相协调。

耗时短，易于建设；因为小巧，建造起来没有什么约束，因地制宜，就地取材，繁简随意，在自然环境中特别适合，有着其它建筑物不可比拟的优势，所以，亭子的大量使用成为必然。元人有两句诗："江山无限景，都取一亭中。"在自然风景中，亭子的选址落位注重点景。古人有寄情自然、游览山水的情怀，"仁者乐山，智者乐水"，名山大川，遍布游者足迹。这往往不是简单的游玩观赏，多带有行者感悟的心情，"行到水穷处，坐看云起时"。每逢佳景，止步不行，流连忘返，略寻一处平地，或坐或卧，细细品赏，领略人与自然的神交，心旷神怡，而这个停留之处，大多会成为筑亭之地。亭子虽为观景休憩之用，但从它建成的那一刻起，其自身也成为景中之景，因此，在自然环境中，建亭之处还要从整体的风景观赏层面来考虑，要预见到远观近看的观赏效果，要为自然风景锦上添花，使其成为点睛之笔，而不能是景中败笔、画蛇添足，亭子与环境的和谐共生至为重要。

山中筑亭，重在"行"与"望"。"行"是指要便于通达，常言道"行路不观景，观景不行路"，提示了行与看的关系。山中观景多是目标性游览，行路爬山的过程较长，山路崎岖，路亭的设置必不可少。亭子常置于山坡道旁，不要求形制与体量，重在实用，与环境相协调，既方便休息，又作路线引导。"望"即是观景，是立足于风景极佳之处的观赏点，是建造亭子的主要位置，这些点可以说是随着游览者的足迹勘定出来的，为到访者提点出这里风景独好。山中之亭一般建于山脊、山顶、山势的转弯处或者凸出的崖石上，这是易于远眺的地形，特别是在山巅高处，视野开阔，居高临下，俯瞰全景可以充分体验"无限风光在险峰"的感受。建造这样的亭子时，要审查地势，因势随形，顺势达成。作为一个视觉焦点，亭子在设计时还需要

图2-51 临水建亭，重在"赏"和"玩"，常常构筑在临水岸边、溪流江畔，也有很多是在水中建亭，湖光山色，倒影成趣，别有一番风情。

图2-52 亭子在自然环境和风景中的建造，为大自然增添了新的活力和亲切感。一个选址得当、建造精美的亭子，可以重构自然景观的观赏效果。

对应风景的特点和地域文化的表述，要经得起品评，多以宽敞稳重、明丽敦厚的形态为主。此处有亭，便于时时来往，晴雨均好，四季无妨，携亲朋好友落座叙谈、共赏美景。

山腰建亭，可随风景情况而定，宜选择地形较为开阔的台地，既能眺望，也能近观。

临水建亭，重在"赏"和"玩"，常常构筑在临水岸边、溪流江畔，也有很多是在水中建亭，湖光山色，倒影成趣，别有一番风情。临水的亭子一般会尽量靠近水面，宜低不宜高，最好突出于水中，三面或四面为水面所环绕，以营造亲水的感觉。亭子的大小形态依水面的宽窄曲折而定。水面开阔，亭的形态可以略大和丰富，在一些宽敞水域，还可以进行多个亭子的组合，以达成层次丰富、强调重点区域、吸聚风景的需要，同时，亭子也可以与桥、堤坝等组合建造。水面狭小的溪涧河流，亭子的体量要小巧轻盈一些，与环境、空间相协调，水岸蜿蜒，景致幽深，小亭玉立，可观溪流潺潺，可听泉水涓涓，可戏清波涟涟。

建造在自然环境和风景中的亭子，为大自然增添了新的活力和亲切感。一个选址得当、建造精美的亭子，可以重构自然景观的观赏效果，带来浓厚的人文色彩，

引导一种新的感官意象，或强烈对比，或典雅和谐，或精巧秀丽，或敦厚朴实，营造出丰富的景观意境。亭子形态与自然面貌相匹配，呈现出更加立体而深邃的观赏体验，情景交融，天人合一，此时的风光景色便是一种境界。

亭与皇家园林

皇家园林是帝王贵胄生活环境的一个重要组成部分，统治阶层利用其政治上的特权与国家经济的雄厚财力，可以圈占大片土地来营造园林，故皇家园林规模之大，远非私家园林所可比拟。我国的皇家园林已有3000年的历史，在这漫长的历史过程中，几乎每个朝代都有宫苑园林的建置，不同时期有着不同的称谓。皇家园林一般建造在京城及都城附近，由于皇权威仪的需要，一系列突出帝王至上、皇权至尊的礼制法度也渗透在皇家园林的营造上，被称为"园林之眼"的亭子，在这皇家气派的氛围中，自然也呈现出一种非凡的壮美华丽的气派。

图2-53 亭子形态与自然面貌相匹配，呈现出更加立体而深邃的观赏体验。

图2-54 《富春山居图》中一派水岸蜿蜒、景致幽深、情景交融、天人合一的景致，此时的风光景色便是一种境界。

图2-55 北京颐和园里的廓如亭，是国内最大的传统亭子。

图2-56 目前的皇家园林基本集中在北京、承德及其周边地区，这是承德避暑山庄的连亭长堤。

目前的皇家园林基本集中在北京、承德及其周边地区，南京也有少部分，这些都是明清时期兴建的，我们所能看到的这类亭子也多是这个时期建造。明清以前的亭子已无实物考证，但从现存的绘画作品中，依然能领略到各朝代皇家宫苑中亭子的广泛应用和其造型的精美绝伦。在宋代摹本唐朝李思训绘制的《御苑采莲图卷》中，能看到多个造型各异而精美的亭子。

说到皇家园林，不能不提到有"万园之园"美誉的圆明园，可惜今日我们已无法目睹其辉煌风采，只能从乾隆时期绘制的《圆明园四十景图》上略作了解。此图册是根据乾隆皇帝的旨意，于乾隆九年（1744年）由宫廷画师唐岱等绘制而成的四十幅分景图，绢本彩绘。1860年，圆明园罹难时，这套彩绘本被侵略者掠走，献给了当时的法国皇帝拿破仑

三世，现收藏于法国国家图书馆。这个图册是了解圆明园最为真实可靠的一手资料，图中有大量亭子的描绘，其形态样式及安置位置等，都显示出亭子在皇家园林中有着普遍、广泛的运用。

图2-58 景山万春亭，亭子体量巨大。

由于皇家园林宏大的规模以及礼仪的要求，建造的亭子首先要形体高大。在北京颐和园昆明湖东南部十七孔桥的东端，有一座八角形的大亭子，叫廓如亭，是国内最大的传统亭子。该亭建于乾隆年间，由内外三圈共24根圆柱和16根方柱支承，整个亭子的面积有130多平方米，八角重檐攒尖大顶，舒展稳重，雄伟壮观，乾隆皇帝常在这里与群臣宴饮赋诗。亭子选址于昆明湖边的开阔地上，北侧湖水烟波浩渺，南边稻田千顷（现在的圆明园是当时造园的一部分），登亭远眺，视野极佳，四周景色一览无余。亭子建得如此壮观，是为了与十七孔桥以西龙王庙岛上高台上的楼阁亭台遥相呼应、相协调，充分体现了园林造景中对景的手法。故宫北侧景山（在明朝称作万岁山，清顺治十二年更名为景山）上的万春亭也体量巨大。明朝永乐时期迁都北京时，在景山五座连缀的山峰上各建了一座琉璃瓦顶的山亭，万春亭是其中最大的一个，立于景山正中的最高峰，坐落于北京城的中

图2-57 故宫北侧景山山脊上的五亭连珠。

图2-59 五龙亭华丽异常，美不胜收，其中，龙泽亭天圆地方，最为精彩。

图2-60 皇家园林亭子的明显特征是结构精妙、工艺繁复，不但形式多样，而且还有组合式构造。

轴线上，过去是北京城内城的中心和城内最高点，于亭中纵目远眺，可俯瞰全城景色。亭子为方形基座32

柱，三重檐四角攒尖顶，与两侧的观妙亭、辑芳亭、周赏亭、富揽亭一起，五亭一字排开，依山就势，左右对称，相互辉映，在古柏苍松的衬托下，构成一幅壮美的风景画。这种五亭连珠式的组合，卓显霸气，彰显皇家气势，是皇家园林中的佳作。

除了景山上建有山上五亭，在北京北海公园北岸西侧，也建有水中五亭，亭边的立石上记载："五龙亭，建于明嘉靖二十二年（1543年），中为龙泽亭，西为涌瑞亭、浮翠亭，东为澄祥亭、滋香亭……原是帝后近臣垂钓赏月的地方。"清人有诗："液池西北五龙亭，小艇穿花月满汀，酒渴正思吞碧海，闲寻陆羽话茶经。"五亭中，居于中间的龙泽亭最大，其余四亭呈左右对称布局，五亭形态不一，单檐或重檐，琉璃瓦剪边攒尖顶，两两同构，施点金彩画，通体绚烂多彩、金碧辉煌，其中，龙泽亭建造取天圆地方之寓意，形态最为精美。

除了体量高大外，皇家园林的亭子第二个明显的特征是结构精妙、工艺繁复。从构造上来说，这类亭子不但平面形式多样，而且还有组合式构造，亭与亭的组合，亭与高台、廊、桥的组合，不同顶子的组合，不同材料的组合等等，非常丰富，如北京天坛的双环万寿亭、颐和园的荇桥桥亭等。特别是顶子的样式，攒尖顶、庑殿顶、歇山顶、圆顶、十字顶等都有建造，多采用多重檐顶，层层叠叠，错错落落，颇有层次和韵味。

图2-61 北京北海公园北岸西侧建有临水五龙亭。

由于顶子多使用琉璃瓦，并在梁枋、斗拱等处施以彩画，这就构成了皇家园林亭子的第三个特征——色彩华丽。琉璃瓦是一种高等级建材，有多种颜色，是富丽堂皇的代名词。琉璃瓦与彩画的使用，在封建社会里有着严苛的等级限制，专用于皇族、显贵和寺庙建筑，民间是不能使用的。两者的组合，使得这类亭子与众不同，气质独特，色彩和质感都显得灿烂夺目，为北方气候干寒、花木落叶期较长的自然环境，平添一份绚丽。

图2-62 皇家园林亭子多施以彩画，并有着严格的等级划分。

图2-63 琉璃瓦是一种高级建材，有多种颜色，是富丽堂皇的代名词。

图2-64 这种醇厚大气、精美华丽、皇家气派十足的亭子深受民众喜爱，封建王朝消亡后，在民间广为使用，逐渐成为现在北方亭子的代表和典范。

图2-65 私家园林小而精，咫尺山水，小中见大，亭子常常成为园林中的主景。

皇家园林亭子的第四个特点是装饰细密繁复。亭子的建造是灵活多样的，装饰元素可多可少，但在皇家园林亭子上，几乎都有集中的体现。瓦脊上有象征吉祥寓意的瑞兽、螭吻和骑凤仙人，等级越高，数量越多；柱子多样，多着红色大漆，柱础和柱头也有种种装饰，多以雕刻为主；各种栏杆，不论是木质、石质，或金属材质，都雕刻工细，制作精美；挂落、花牙子形式不拘，与漆色彩画结合；还有匾额、楹联、内顶、檐角铃铛等等，不一而足，这些都使得亭子极为精致耐看，极具欣赏价值，也颇有意境。

这种醇厚大气、精美华丽、皇家气派十足的亭子，深受民众喜爱，封建王朝消亡后，它们在民间被广为使用，逐渐成为现在北方亭子的代表和典范。

另外，值得一提的是，历史上还有几座用金属材料建成的亭子，也坐落在皇家园林里（王府花园、寺观园林也统属于皇家园林）。其中最著名的是颐和园万寿山佛香阁西侧的铜亭，仿木结构，通体铜铸，高7.5米，重达200吨。还有一座是山东泰山脚下岱庙中的铜亭，被人们称作"金阙"，是明代万历年间修建的。传说清初平西王吴三桂和陈圆圆也与一座铜亭有关系，该亭于1670年建于云南昆明凤鸣山顶的太和宫中，精巧华丽，色泽如金，在当地有"金殿"之称。

图2-66 私家园林中的亭子在叠石、池水和回廊这三个位置上的使用最为集中。

图2-67 狮子林中的湖心亭，一亭既落，便成亮点，豁然开朗，"园林之眼"于此体现得淋漓尽致。

亭与私家园林

私家园林的分布极为广泛，大江南北，不论是古代还是近代，都有我们耳熟能详的名园经典。唐宋以后的私家园林发展迅速，造园理念和水平大进，到了清代，皇家园林转而要向私家园林学习了。虽然其规模大小远不及皇家园林，但由于是私人性质的，园主多是贵胄文人，文化层次较高，自建园林以修身养性、闲适自娱为主，在选址、适形等方面更加自由，无拘无束，其风格清新秀雅，手法更为精巧。园中以一个或几个景点为核心，叠山理水，构筑小型建筑物，特别是亭子的建造，极为潇洒自由，更加丰富和随性。明代计成在其造园专著《园冶》中对亭子建造有"随意合宜则制，惟地图可略式也"的描述。我们目前所能看到的私家园林多属明清时代，集中在苏州、扬州、南京、上海等地区，江南韵味十足，其间的亭子也成为南方亭子的代表。

私家园林以小而精、秀而雅为主基调，咫尺山水，

小中见大，亭子的设置常常成为主景，苏州沧浪亭便是直接以亭子的名称来命名的私家园林，可见亭子在私家园林中的地位举足轻重。

私家园林中的亭子在叠石、池水和回廊这三个位置上的使用最为集中。经过长期的发展，私家园林已经形成了文化意蕴深厚的"写意山水园"格局。"聚拳石为山，环斗水为池"（白居易《庐山草堂记》），"天人合一"的哲学思想，使造园以崇尚自然、融合自然山水为主旨，源于自然，而高于自然，"虽为人作，宛若天成"，所以这里的亭子建造与在自然风景中亭子的布置有异曲同工之妙。

第一个是亭子与池水的结合。私家园林占地小，多以水景、水面为中心，构成园中较为开阔的空间，环水一带均可成景，亭、榭是水边的区域主景。这类亭子形体以小巧轻灵为主，顶部弧线飞檐较大，构建雕饰细小，与水的灵动感形成呼应与和谐，近水亲水，临水面开敞。选点位置十分灵活，也十分考究，要合乎"体"、"宜"，合乎景致，合乎意境，看似随意，却也"惜墨如金"，通谋全局，善加经营，一亭既落，便成亮点，豁然开朗，"园林之眼"于此体现得淋漓尽致。水面是横向展开的空间序列，与之相配的亭子既要协调，也强调对比，"水为横势"，所以，池水边的亭子多体型瘦俏，高顶竖立，或将屋脊檐角大尺度上挑，将造景所形成的"气"与"力"的走向聚引向上，打破局部空间的呆板平衡，收放相应，是"破"与"立"的对比性动感平衡，是造园的一种高境界格调。

图2-68 山石之亭，多为辅景，一般不设立在山形正中。其平面形式较为简单，随山形走势而定，狮子林的真趣亭极为典型。

第二个是亭子与叠石的结合。叠石为山，是传统造园最为常用的手法，也常常与亭子的构建紧密结合，"下洞上台，东亭西榭"。叠山是园林中的高程空间和制高点，形态和材质最为变化多端，"瘦漏生奇，玲珑安巧"。水边之亭，常为主景，与之相对，山石之亭，多为辅景，一般不设立在山形正中，平面形式较为简单，随山形走势而定。不论是立于池山之巅，或是园山之半，亭子均不以全露为好，或顶或檐，若隐若现，方成意趣。亭子的形态和气韵也较为敦厚古朴，与山石体量适宜，不以巧饰为胜，不与叠石争奇。苏州狮子林中山亭与水亭的建造和对比配置的手法最为经典，而沧浪亭也极为古朴，历来堪称典范。遗憾的是，我们现在所看到的园林多不是当年原貌，在后来不断的修复与重建过程中，很多造园精髓已经丢失。

图2-69 亭子与建筑、回廊的结合十分普遍。

图2-70 水上曲廊和亭子的连接。高低结合，横竖穿插，既方便使用，亦符合审美要求，无需定式，随形而异。

图2-71 狮子林扇亭，园林角隅处理，是造园家艺术造诣水平的体现。亭子位于园中西南角拐弯处，这里墙面平直高森，又是九十度死角，极难处理。造园家巧妙利用了走廊弯曲的动势，因地制宜建成弧形扇亭，让出墙角十数平方米之地，垒以湖石花坛立峰，点种芭蕉修竹，通过窗、门，构成画面，显得空灵活泼。

图2-72 亭子与小码头结合。

图2-73 网师园冷泉亭，一种很实用也很有趣味的半亭。

第三个是亭子与建筑、回廊的结合。私家园林一般规模较小，只有几亩至十几亩，小者仅一亩半亩而已，叠山理水又占用不少地块，建筑空间局促，使得亭子与回廊等不同类型建筑物的组合成为必然。小而全也成为私家园林造园的又一大特色。这种结合是在亭子建造时

合，横竖穿插，既方便使用，亦符合审美要求，无需定式，随形而已。同时，这也催生了另外一种很实用也很有趣的半亭的产生。半亭是与较大型的建筑物的山墙面结合，弥补大块墙体的单调感，不但增加了建筑物的扩展空间，更丰富了造园语言，其作用颇似现今的阳台。亭子与其它构筑物的结合，还可以利用亭子随意多变的特点来弥补一些"死角"地点，最大化地利用小空间，经济合理。因此，一些非常规的亭子造型也应运而生，如三角形、扇形、长方形、凸凹形等，时常可见，可以说亭子在私家园林中的应用和变化已被发展到极致。

图2-74 半亭的出现更加丰富了造园语言，其作用颇似现今的阳台。

以江南私家园林为代表，逐渐形成了南方亭子的典型构造样式，它们特点鲜明，与北方亭子的样式迥然不同。首先表现在檐、顶的造型处理上，南方多雨，重檐顶的亭子不多见，顶子的坡面角度较陡，宜于排水；檐口出挑较多，宜于挡雨。檐口出挑多了会对檐下空间造成压力，于是，进行大幅度的反翘处理，有的甚至出现半月形，轻盈飘逸，有振翅欲飞的感觉，既解决了问题，又增加了美感，实为匠心之作。顶子通常使用小青瓦，铺设细密，檐脊、滴水等构建精致细腻，形式多样，极为耐看。另外，南方亭子色彩素雅单纯，一方面是在当时的时代背景下，彩画和琉璃瓦被禁用；另一方面是与环境的融合，春雨江南，草木华滋，粉墙黛瓦，竹影兰香，自然风光本身就呈现出一派清秀的诗情画

图2-75 安徽歙县许村村口的路亭。以江南私家园林为代表，逐渐形成了南方亭子的典型构造样式，特点鲜明，与北方亭子的样式迥然不同。

因地制宜、不墨守成规、巧思妙构的结果，与回廊结合的构筑原则，是廊架的"横势"与亭子的"竖向"关系之间的对立统一，与池水边筑亭的理念类似。高低结

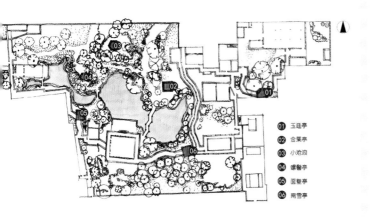

01 玉庭亭
02 金粟亭
03 小沧浪
04 螺馨亭
05 面壁亭
06 南雪亭

图2-77 把外界大空间的景象吸收到亭子这个小空间中来，突破局限，进入广阔。怡园中也有六个亭子，亭子不仅仅是功能，更是意象和意境的表达。

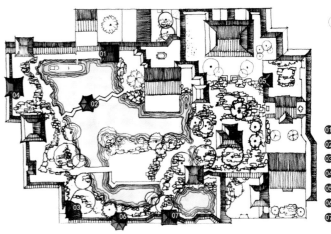

01 真趣亭
02 涤心亭
03 扇亭
04 听涛亭
05 对照亭
06 飞气亭
07 御碑亭

图2-76 "江山无限景，都取一亭中"，对亭子的运用表达了一种小空间、大意象的思维境界。狮子林造园可以看到亭子在江南私家园林中的集中使用，七个亭子，功能各不相同，形式也不重复，使得小小天地妙趣横生。

图2-78 江南小亭的顶子通常使用小青瓦，铺设细密，檐脊、滴水等构建精致细腻，形式多样，极为耐看。

图2-79 白奇石亭古朴浑厚。

图2-80 就地取材的竹亭，结构精巧，装饰感很强，不是简简单单的搭建，有匠作意趣。

南方亭子体量不追求高大宏伟，建造风格不拘泥，对选材的要求不需严苛，所以材料的种类很是丰富，竹、木、砖、石、草等，信手拈来，就地取材，也常有混合使用的，别有风味，较之北方亭子，更为经济实用。

"江山无限景，都取一亭中"，对亭子的运用表达了一种小空间、大意象的思维境界，把外界大空间的景象吸收到亭子这个小空间中来，突破有限，进入广阔。能工巧匠们精雕细琢了无数的匠心之作，那些独特的形态、别样的手法、精湛的技艺、深邃的思想总让人

图2-81 片石为顶的亭子。

图2-82 普通的洗衣亭并不平凡。

意，浓厚艳丽反倒格格不入。虽然色彩素雅，但不乏精雕细琢的装置元素，石雕、木雕、砖雕这"江南三雕"均被大量使用，其工艺之精湛繁复和相互之间的巧妙搭配，常常令人叹为观止。在材料的使用上也呈多样化发展，由于

心旷神怡。

　　值得思考的是，伴随着改革开放，中国的经济发展取得了巨大成就，城镇化建设风起云涌，一座座现代化的、蔚为壮观的国际大都市悄然崛起，人们对物质和精神文化需求的提升以及环境意识的增强，都催生了园林景观建设的热度。亭子作为广为人们喜爱的建筑小品，也越建越多。我们无法回答到底有多少亭子，但重要的是，我们不仅要研究和发展亭子的建造技艺，更应该发掘和继承亭子所蕴涵的文化气息。

图2-85 位于安徽池州张溪镇的儒香亭，今天称为"七门亭"。亭为砖木结构，属砖亭，不同规格的青砖和石条搭建，七门洞开，十四个凹洞和倚坡面路，高低错落的亭台实属罕见。七门亭踞北位，按五行即北方壬癸水，开七门寓意为北斗七星。

图2-83 滨水的洗衣亭。

图2-86 亭子材料的混合使用可以构筑更加丰富的形态。图为安徽歙县许村大观亭，砖木构造，三重檐顶。

图2-84 建水桥头古亭，有地域文化特色。

图2-87 很大一部分碑亭是砖结构，特别是庙宇和陵墓等大型园区。栗毓美墓碑亭属于较为小巧精致的一种。

千亭集

COLLECTION OF PAVILIONS

第三章　中国亭

Chapter 3
Chinese Pavilions

044 > 179

第一节 传统中式亭

亭为停息凭眺之所。它在水光山色之中，是天然图画的重要点缀，也是供人休憩、纳凉、赏景的好去处。在中国园林建筑中，亭的造型是最为绚丽多姿的，它的种类繁多，琳琅满目，亭亭玉立，翠飞多姿。其平面有方、圆、六角、八角、扇形、海棠诸式，并有单檐重檐之分，列柱之多少，随平面布置而异。

亭千姿百态的造型主要取决于三种因素：即亭顶的平面和结构、亭的组合形式、亭的立面层次。亭的总体造型大致可分为单体式和组合式两大类。

一、亭子的基本形式

中式传统亭中，按单体式亭的平面形式来分，有正多边形亭、长方形、圆形亭、扇面亭、十字亭、异形亭等。其中，最常见的是正多边形亭，如三角亭、四角亭、五角亭、六角亭、八角亭等。三角亭最为简洁轻巧，但不常见。在园林中最为普遍的是四角方亭和六角亭，它们简洁大方，平稳朴实，较为大众化。六角亭中较为特殊的是圭角形（长六角形）亭，留园的至乐亭、天平山的四仙亭便是实例。圆形亭柔和秀丽，一般以五柱为多，但由于额枋檐柱和亭顶都是圆的，建造工艺相对复杂。十字亭在我国传统亭子中算是特殊罕见的类型，承德避暑山庄的十字亭是此类型的典型。异形亭是对一些造型奇特或者因地域文化背景及历史演变出现的一些异于传统造型亭子的统称，比如：海棠形亭（环秀山庄新迁建的海棠亭）、梅花形亭（香雪海的梅花亭）、官帽形亭（苏州拙政园的官帽亭）、仿物亭等。

亭顶的造型变换丰富，最常见的是攒尖顶，其次是歇山顶，也有庑殿顶和盝顶式。攒尖顶是由各柱戗脊向中心上方逐渐集中成一类

顶，用"顶饰"来结束，犹如一把撑开的大伞。攒尖式屋顶没有正脊，只有垂脊，垂脊的多少根据实际建筑需要而定，一般双数的居多，而单数的较少。如：有三条脊的，有四条脊的，有六条脊的，有八条脊的，分别称为三角攒尖顶、四角攒尖顶、六角攒尖顶、八角攒尖顶等。此外，还有一种圆形，也就是没有垂脊的。歇山顶的结构是用梁架的，其构造做法类似一般建筑建造风格。

1、三角亭

三角亭在中国亭的造型中是最简单的一种形式，它的最大特点是只有三根支柱、三个挑檐，因此显得格外轻巧玲珑、明快简洁。

三角攒尖顶亭在我国并不常见，较有名气的有：杭州西湖三潭印月的三角亭、兰州白塔山的三角亭、绍兴兰亭的"鹅池"碑亭、广州烈士陵园的三角休息亭等。其中广州烈士陵园的三角休息亭地处三角带，立于丛林之中，布局协调，环境幽静。该亭为钢筋混凝土结构，黄色琉璃瓦屋面，处理简洁，具有传统民族风格。兰州白塔山东西两侧的三角亭，是解放后修建的，分别称为东风亭和喜雨亭，出檐挺拔峻峭，造型玲珑精巧，为其它地方所罕见。三潭印月的三角亭是个桥亭，位于浙桥的拐角上，与东南的正方形攒尖顶亭形成了不对称的均衡，两亭驾水凌空，玲珑精致，别具情趣。而无锡吴文化公园的三角亭——晴山亭，通透灵秀，轻巧玲珑，站在亭内，可远望到明朝地理学家、旅行家徐霞客的故居晴山堂，因此，该亭又叫"望远亭"。

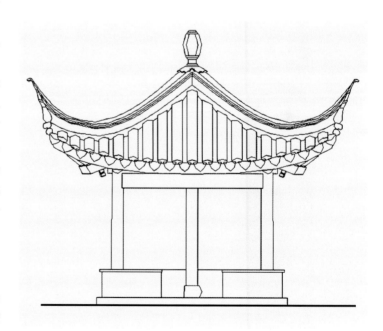

图3-1-1-1三角亭立面

图3-1-1-2 兰州白塔山的三角亭

图3-1-1-3 绍兴"鹅池"的三角亭

图3-1-1-4 三角攒尖顶亭，造型优美，雕刻
特色花纹，采用少见的六棱木柱。

图3-1-1-5 江亭观鱼，造型简洁，朱漆木柱灰瓦亭。

图3-1-1-6 三蓬亭，典型的南方风格三角亭。

2、四角亭

A. 单檐四角亭

单檐四角亭构造比较简单，平面呈正方形，一般有四根柱。屋面有四坡，四坡屋面相交形成四条屋脊，四条脊在顶部交汇成一点，形成攒尖，攒尖处安装宝顶。比较有名的亭是拙政园的绿漪亭和松风亭。拙政园绿漪亭位于园区中部东北临水驳岸转折处，位置突出，因屋顶坡度平缓，曲线柔和，显得造型轻巧。松风亭与小沧浪亭、小飞虹、得真亭组成平面自由的水院。松风亭位于水院东侧，用石柱架于水上，近可观水院游鱼，远可透过小飞虹欣赏远处景色。

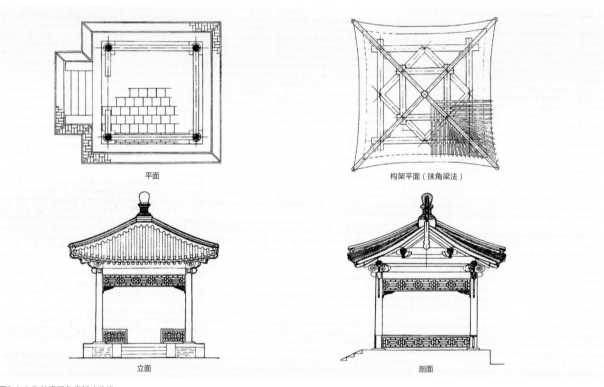

平面

构架平面（抹角梁法）

立面

剖面

图3-1-1-7 单檐四角亭基本构造

图3-1-1-8 听雨亭

图3-1-1-9 成都新都桂湖公园休息亭

图3-1-1-10 拙政园绿漪亭

图3-1-1-11 拙政园绿漪亭位于园区中部东北临水驳岸转折处，位置突出，造型轻巧。

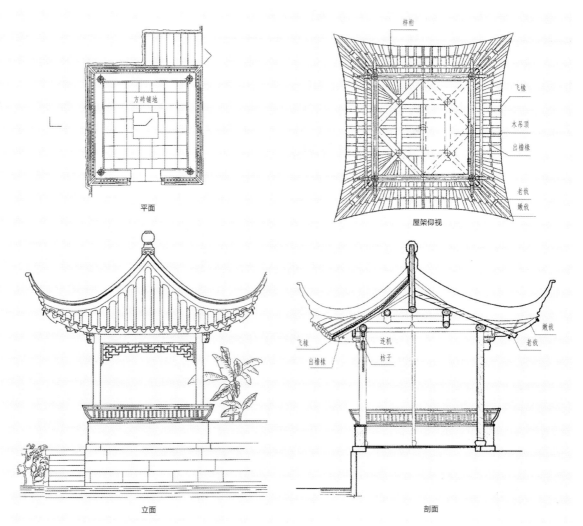

图3-1-1-12 拙政园绿漪亭平面、立面、剖面

图3-1-1-13 四角攒尖顶亭

图3-1-1-14 玉龙卧水亭

图3-1-1-15 墨华亭，为石柱灰瓦亭。

图3-1-1-16 山西晋祠揖寒

图3-1-1-17 沧浪亭，亭立山岭，高旷轩敞，石柱飞檐，古雅壮丽。

图3-1-1-18 面壁亭，此亭面对石壁，壁间有镜，使人面壁对镜，故名。

图3-1-1-19 小陶然亭

B. 重檐四角亭

重檐四角亭有一圈柱子和两圈柱子两种不同的平面柱网分布形式。柱网分布的不同，对亭子整体构架有很大影响。为明晰特征区分，现对两种形式分别进行介绍。

（1）两圈柱重檐四角亭（双围柱重檐四角亭）

双围柱重檐四角亭平面共有16根柱子，外围一圈檐柱，里围一圈金柱。金柱向上延伸直达上层檐，又作为上层檐的檐柱。如著名的颐和园知春亭、北海公园慧日亭都是这种构造。

颐和园知春亭位于昆明湖东岸边，不仅可以纵眺全园景色，也是整个园林风景不可缺少的点缀之作。亭畔遍植垂柳，春来景色殊胜。据传每年春天昆明湖解冻由此处开始，故取名知春亭。"知春"二字源于"春江水暖鸭先知"。

北海公园慧日亭位于琼岛东岸智珠殿南侧，灰筒瓦重檐四角攒尖屋面，四面围廊。现为敞亭，檐柱间装楣子坐凳。

（2）一圈柱重檐四角亭（单围柱重檐四角亭）

单围柱重檐四角亭，在平面上只有外檐一圈檐柱，没有金柱。这种柱网形式，在提高室内空间利用率方面，较之双围柱重檐四角亭有很大优势。

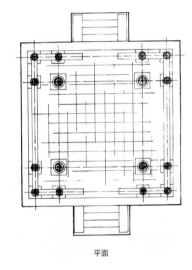

平面

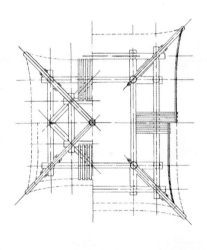

上层檐木构平面　　下层檐木构平面

立面

剖面

图3-1-1-20 双围柱重檐四角亭基本构造

图3-1-1-21 知春亭，位于颐和园昆明湖东岸边，为重檐四角攒尖顶。

图3-1-1-22 沉香亭，亭用沉香木建成，故名"沉香亭"。李白在沉香亭写下一首诗："一枝红艳露凝香，云雨巫山枉断肠。借问汉宫谁得似，可怜飞燕倚新妆。"

图3-1-1-23 爱晚亭，在湖南长沙岳麓山清风峡口，原名红叶亭，修建于清乾隆年间，为岳麓书院山长罗典所建。后取唐人杜牧"停车坐爱枫林晚，霜叶红于二月花"诗句而改名爱晚亭。

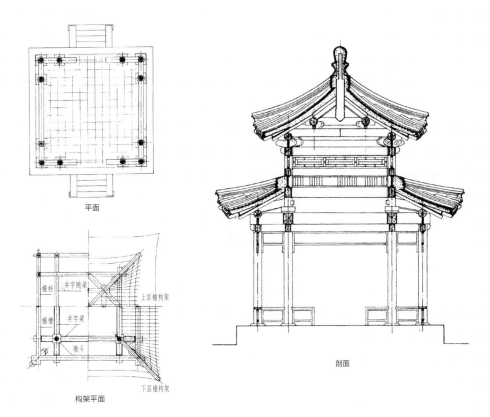

平面

檐枋 井字随梁 上层檐构架

檐檩 井字梁 下层檐构架

墩斗

构架平面

剖面

图3-1-1-24 单围柱重檐四角亭基本构造

图3-1-1-25 重檐单围柱四角攒尖宝顶亭

图3-1-1-26 河北承德避暑山庄含澄景流杯亭

图3-1-1-27 怡心亭，典型的北方风格景亭，灰瓦朱漆单围柱，装饰艳丽彩画。

图3-1-1-28 一揽亭，会当凌绝顶，一览众山小。

图3-1-1-29 陶然亭公园风雨同舟亭

3、五角亭

五角亭常采用攒尖顶造型，其基本构造与四角、六角、八角亭几乎没有区别，唯有趴梁的构造方式较为特殊。叶赫五角亭、武汉东湖磨山梅园冷艳亭等都是实例。

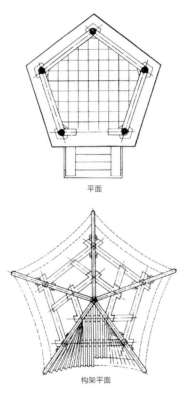

平面

构架平面

图3-1-1-30 五角亭基本构造

立面

图3-1-1-31 叶赫五角亭

图3-1-1-32 江苏苏州五峰园柳毅亭

4、六角亭

A. 单檐六角亭

单檐六角亭平面有六根柱，成正六边形。屋面有六坡，相交成六条脊，六条脊在顶部交汇为一点，攒尖处安装宝顶。怡园小沧浪亭和网师园月到风来亭都属于这种亭子。

怡园小沧浪亭位于怡园水池北假山较平坦处。亭为石柱，北侧上辟花窗，亭平面为六角形，每边长1.7米，檐高较低，攒尖顶。

网师园月到风来亭位于园区中部水池西侧，亭南、北有廊。亭建在黄石砌成的洞穴基座上，水流其中，别有情趣。临墙处有镜一面，可见东墙景色，扩大了视觉空间。因为亭子临水且位置较高，故名为月到风来亭。

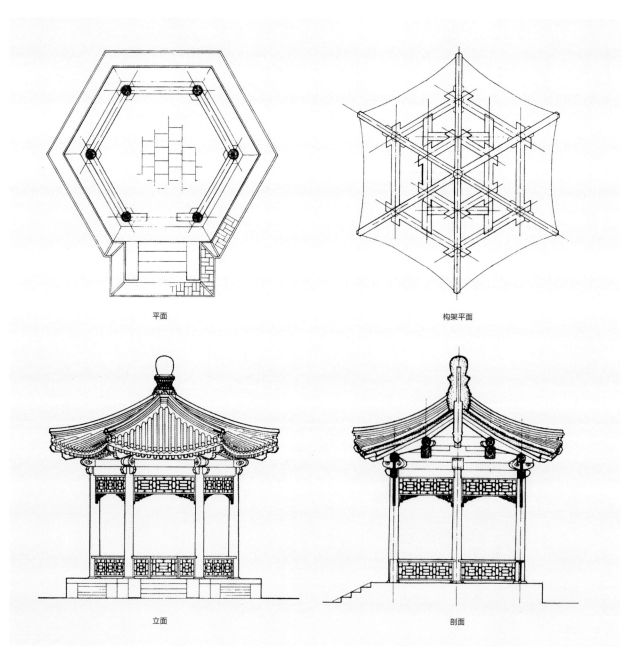

平面

构架平面

立面

剖面

图3-1-1-33 单檐六角亭基本构造

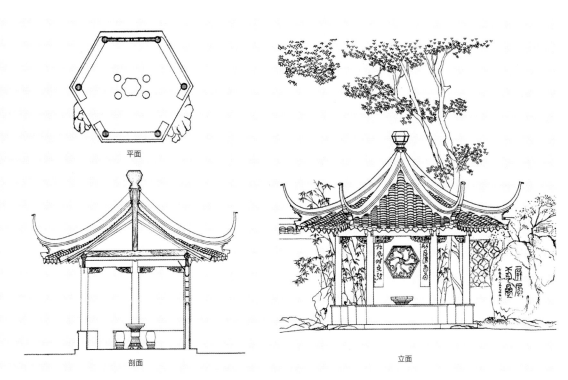

平面

剖面

立面

图3-1-1-34 怡园小沧浪亭平面、立面、剖面

图3-1-1-35 怡园小沧浪亭,亭为六角形,仅在朝北的一面设壁,上开六角形漏窗,立于亭中可纵览全园景色。

图3-1-1-36 网师园月到风来亭

图3-1-1-37 许村枕漱亭

图3-1-1-38 独醒亭

图3-1-1-39 留园可亭

图3-1-1-40 习礼亭

图3-1-1-41 鲍家花园吉祥亭

图3-1-1-42 严家花园六角亭

B. 重檐六角亭

重檐六角亭也有一圈柱子和两圈柱子两种不同的柱网分布形式，从而变成两种不同的构造形式。

（1）两圈柱（双围柱）重檐六角亭

平面分布12根柱，外围一圈檐柱，里围一圈金柱。

（2）一圈柱（单围柱）重檐六角亭

平面分布6根柱，仅外围一圈檐柱，里围无金柱。例如北京中山公园松柏交翠亭、天津宁园重檐六角亭等。中山公园松柏交翠亭位于长青园南面的一座小山上，面积约32.40平方米，是筒瓦屋面的重檐六角亭，亭下檐柱间设靠栏坐凳，东西两面出入，与甬路衔接，环亭堆置太湖石点景，山上遍植油松。

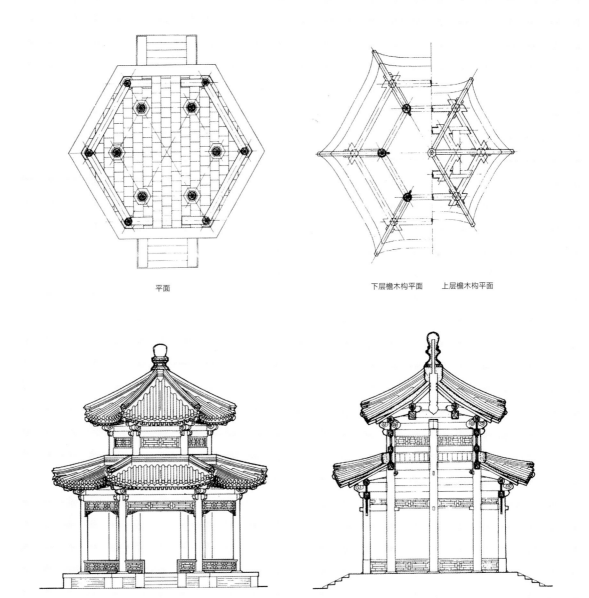

平面

下层檐木构平面　　上层檐木构平面

立面

剖面

图3-1-1-43 双围柱重檐六角亭基本构造

图3-1-1-44 天坛百花亭

图3-1-1-45 三层重檐双围柱六角亭

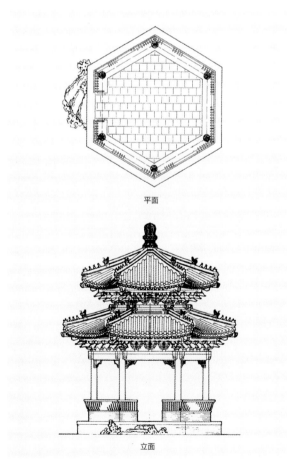

平面

立面

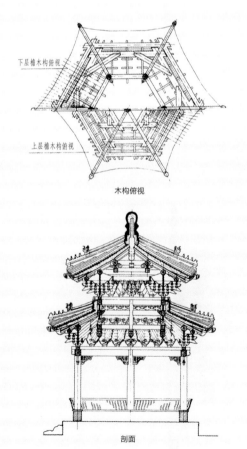

下层檐木构俯视

上层檐木构俯视

木构俯视

剖面

图3-1-1-46 单围柱重檐六角亭基本构造

图3-1-1-47 四川眉山三苏祠抱月亭

图3-1-1-48 江苏扬州瘦西湖醉吟亭

图3-1-1-49 中山公园松柏交翠亭

图3-1-1-50 青岛湛山寺重檐六角亭

C. 圭角形亭

　　六角亭中较为特例的一种是圭角形（长六角形）亭，留园至乐亭、天平山四仙亭便是实例。

留园至乐亭，亭顶呈长方形，但亭下呈六角形。"至"是"极"，"至乐亭"意思是在亭内看到的景色可以让人心胸开阔，陶冶情操，感到快乐。

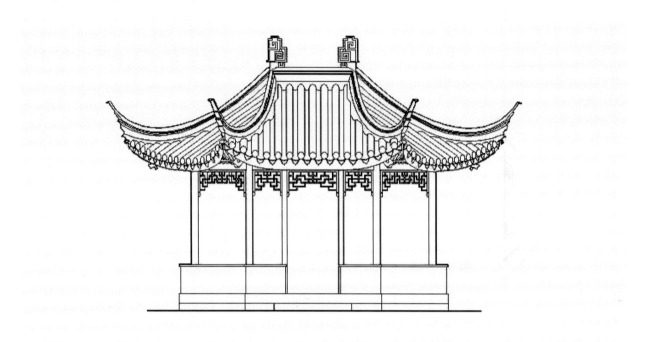

图3-1-1-51 留园至乐亭立面

图3-1-1-52 留园至乐亭

图3-1-1-53 天平山四仙亭

2、八角亭

A. 单檐八角亭

单檐八角亭的构造与六角亭相似，平面有八根柱，

如拙政园塔影亭就是这种结构。拙政园塔影亭位于西部南水湾东侧，有小桥和池岸相连，亭建于石柱上，用湖石遮掩，形式自然。亭子有坐槛，上设半窗。

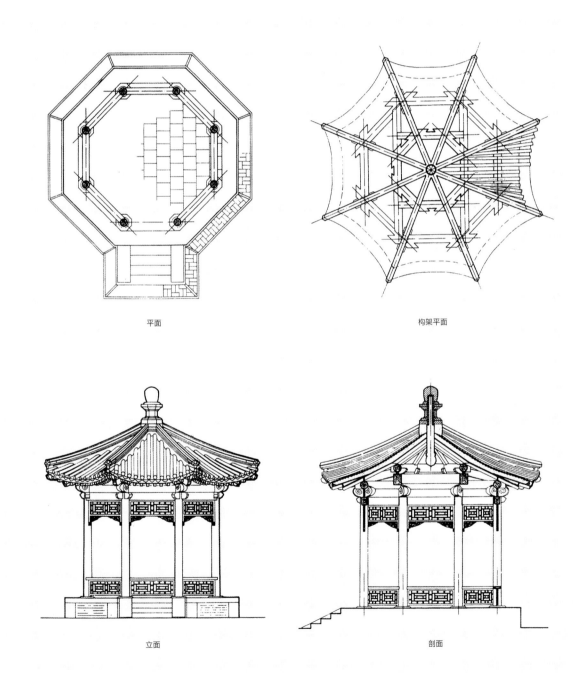

平面　　　　　　　　　　构架平面

立面　　　　　　　　　　剖面

图3-1-1-54 单檐八角亭基本构造

图3-1-1-55 拙政园塔影亭

图3-1-1-56 单檐双围柱八角亭

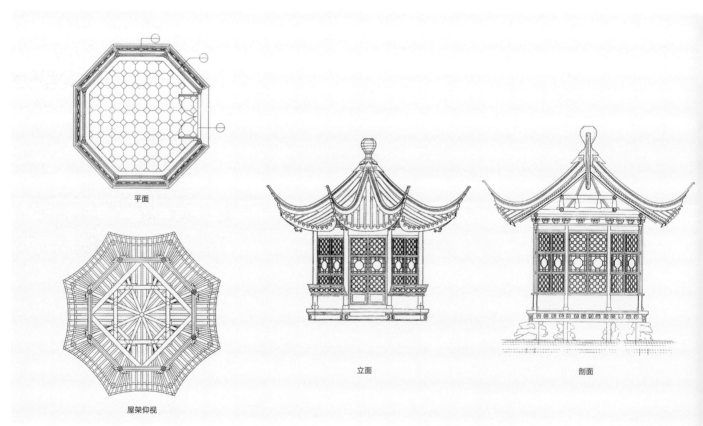

平面

屋架仰视

立面

剖面

图3-1-1-57 拙政园塔影亭平面、立面、剖面

B. 重檐八角亭

（1）双围柱重檐八角亭

平面有两围柱，外围一圈檐柱，里围一圈金柱，金柱通达上层檐，又作为上檐的檐柱。这种亭子的构造与双围柱重檐六角亭完全相同。例如雍和宫碑亭、景山寿皇殿碑亭等。

（2）单围柱重檐八角亭

平面分布8根柱，仅外围一圈檐柱，里围无金柱。拙政园天泉亭就是这种围柱结构。拙政园天泉亭位于大草坪中，周围有八角形的石地坪，亭体型较大。亭平面为八角形，每边长3.38米，有外廊，内用长窗和半墙半窗分隔。

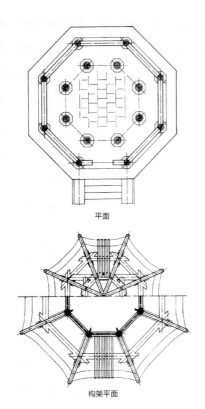

平面

构架平面

剖面

图3-1-1-58 双围柱重檐八角亭基本构造

图3-1-1-59 山东济南大明湖得月亭

图3-1-1-60 雍和宫碑亭

图3-1-1-61 景山公园辑芳亭

图3-1-1-62 拙政园天泉亭

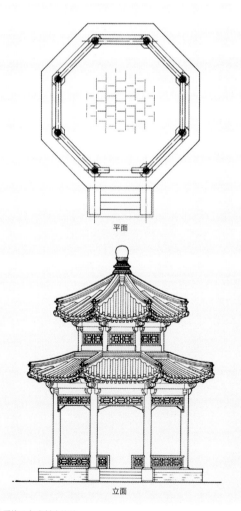

平面

木构俯视

立面

剖面

图3-1-1-63 单围柱重檐八角亭基本构造

图3-1-1-64 绮春园浩然亭

图3-1-1-65 顺德清晖园园宝亭

图3-1-1-66 三层重檐八角亭

图3-1-1-67 重檐单围柱八角亭

6、圆形亭

A. 五柱圆亭

拙政园笠亭是典型的五柱圆亭。笠亭位于拙政园西部土山南，隐于水迹、花木之间。亭平面为圆形，屋顶呈圆形攒尖顶，形似笠帽，故称笠亭。亭用五柱，半径为1.38米，檐高2.24米。

图3-1-1-68 拙政园笠亭

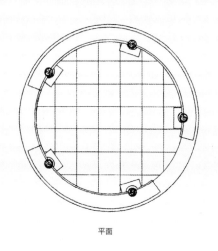

平面

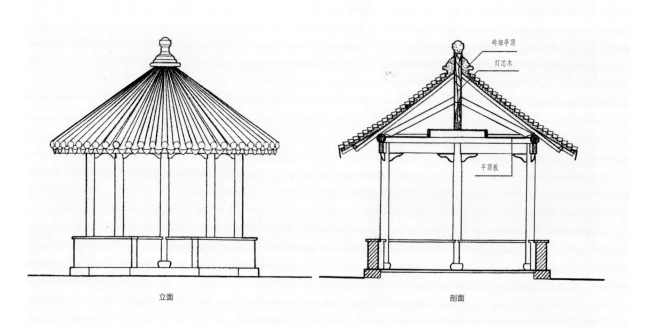

立面　　　　　　　　　　　　剖面

图3-1-1-69 拙政园笠亭平面、立面、剖面

B. 六柱圆亭

体量较小的圆形攒尖建筑，平面常用六根柱，称为六柱圆亭。例如月坛公园的夕月亭、长安公园的圆亭等。

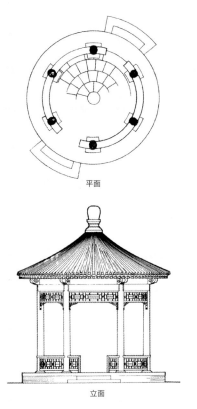

平面

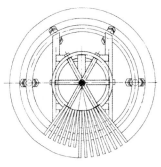

构架平面

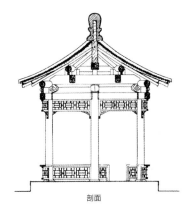

立面

剖面

图3-1-1-70 六柱圆亭基本构造

图3-1-1-71 月坛公园夕月亭

图3-1-1-72 长安公园圆亭

C. 八柱圆亭

平面有八根柱子的圆形攒尖顶结构造型。由

于平面柱子数目较多，可用作体量稍大一点的亭子。例如涛贝勒府花园八柱圆亭，立于假山之上，与连廊相接。

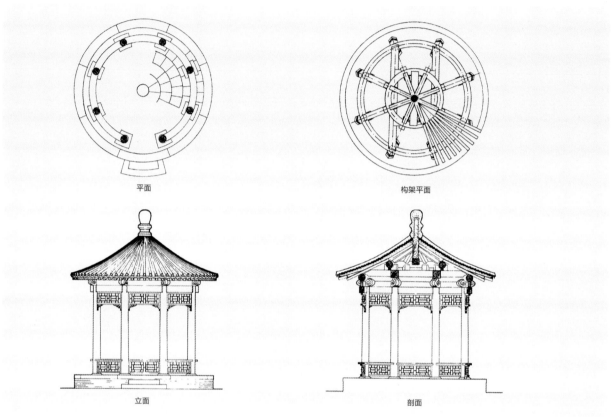

平面　　　　　　　　　　　　　　　构架平面

立面　　　　　　　　　　　　　　　剖面

图3-1-1-73 八柱圆亭基本构造

图3-1-1-74 涛贝勒府花园八柱圆亭

图3-1-1-75 北京北海见春亭

D. 重檐圆亭

重檐圆亭一般应有两圈柱子，外围一圈檐柱，里围一圈重檐金柱。重檐圆亭一般体量都较大，此种较大体量的圆形建筑，每一圈柱子数量都不应少于8根。例如景山公园的周赏亭，蓝色琉璃瓦，重檐圆攒尖顶，有约1米高、2米见方的石须弥座，设有佛像。

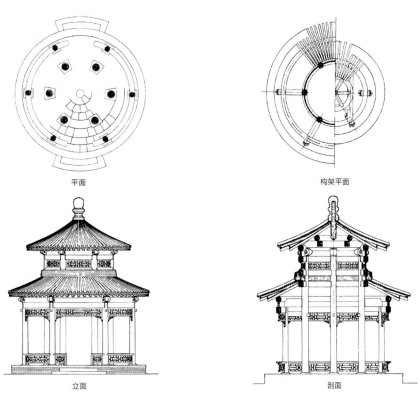

平面　　　　　　　　　　　　构架平面

立面　　　　　　　　　　　　剖面

图3-1-1-76 重檐圆亭基本构造

图3-1-1-77 景山公园周赏亭

7、组合亭

组合式亭有两种形式。一种是单体的组合，一般指两座连在一起的亭子，它们有的双双相连，有的大亭套小亭，有的则是内外两层，如双方亭、双圆亭、双长方亭、双菱形亭、双六角亭等，它们千姿百态，生动有趣。另一种是与廊、桥及墙体结合的亭，如廊亭、桥亭、半亭等。这些亭既保留了自己的传统特色，又吸收了廊、桥及墙体的长处，为丰富园林景色、增添空间层次和发挥自身功能，发挥了重要作用。如颐和园的"荟亭"平面上是两个六角形的组合，北京天坛公园的双环亭的组合，南京太平天国王府花园中两个套连的组合亭等。

从亭的立面层次来看，则有单层、双层和多层之分。单层最为普遍，双层也属常见，三层、四层较为少见，多层亭富有一定的韵律和实用价值。

A. 方胜亭

又称套方亭，是两个正方亭沿对角线方向组合在一起形成的组合亭。天平山白云亭就是这样一种亭子。天平山白云亭位于一线天前石壁上，地势险要。亭平面采用两方亭组合形式，柱和栏杆均为石制，梁架为木结构，方形每边为2.85米，檐高2.80米，屋顶两侧为攒尖顶。天坛的方胜亭也是其中典型。

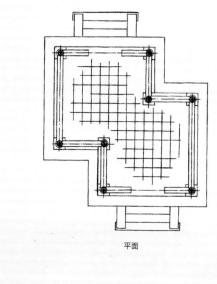

平面

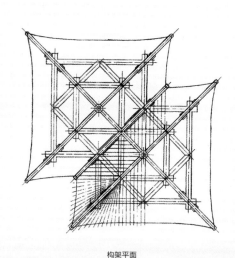

构架平面

立面

图3-1-1-78 方胜亭基本构造

图3-1-1-79 天坛方胜亭

图3-1-1-80 月到风来亭

图3-1-1-81 单檐攒尖组合亭

图3-1-1-82 亭子可以在简单的基础上变幻组合成复杂多变的造型。

B. 双六角亭

又称六角套亭，由两个正六角亭组成，它是以六角亭的一个边为公用边组合而成的，例如北

京颐和园的荟亭。荟亭建于光绪年间，"荟"是草木茂盛的意思，亭子与周围环境巧妙融合，远远望去，荟亭如同两个小蘑菇生长在四周繁茂青葱的树木之中。

图3-1-1-83 成都新都桂湖交加亭

图3-1-1-84 颐和园荟亭

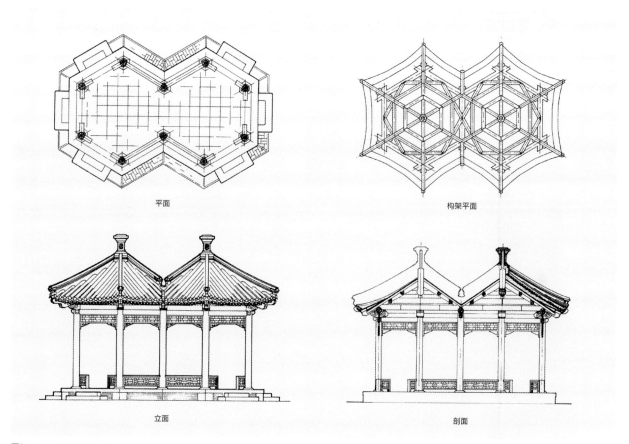

平面

构架平面

立面

剖面

图3-1-1-85 颐和园荟亭基本构造

C. 双环亭

双环亭是将两个圆亭结合在一起形成的组合亭，一般由两个八柱圆亭组成，也可由两个六柱圆亭组成。例如北京天坛公园西北隅的双环万寿亭，原建于西苑（现中南海），是乾隆皇帝为其母亲祝寿时所建，1976年移建于天坛公园。万寿亭位于天坛内坛西侧，由两座重檐尖顶圆亭套合而成，宛如套环，结构巧妙，造型新颖，亭顶装饰孔雀蓝的琉璃瓦，色彩明快，在中国古建筑中仅存此一例。双亭寓意两只寿桃，取和合、吉祥、长寿之意。

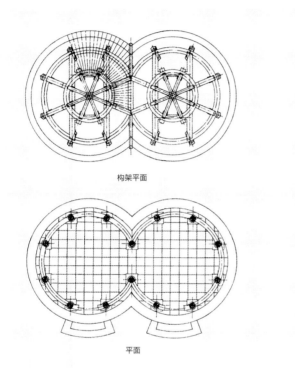

构架平面

平面

图3-1-1-86 八柱单檐双环亭平面

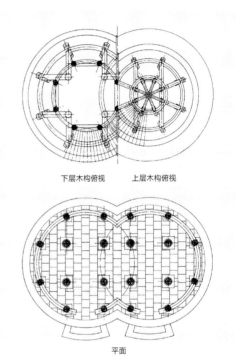

下层木构俯视　上层木构俯视

平面

图3-1-1-87 八柱重檐双环亭平面

图3-1-1-88 北京天坛公园双环万寿亭

D. 天圆地方亭

指下层檐为正方形、上层檐为圆形的重檐亭。在古代，人们认为天为圆形，地为方形，常以圆喻天，以方喻地。例如北京天坛为祭天之所，主要建筑圜丘坛、祈年殿等皆为圆形；而地坛的主要建筑方泽坛等则为方形。天圆地方亭也反映出人们对自然的这种认识和崇拜，上层檐为圆形，喻天，下层檐为方形，喻地，故而创造出了这种组合亭的建筑形式。再比如北海的龙泽亭、御花园中的万春亭等。北海的龙泽亭是五龙亭中最大的亭子，是专供封建帝后们钓鱼、赏月、观焰火的地方。屋顶为重檐攒尖顶，下方上圆，寓意"天圆地方"，象征着皇帝的权力是至高无上的。御花园中的万春亭位于浮碧亭以南，明嘉靖十五年（1536年）建。万春亭、千秋亭是一对造型、构造均相同的建筑，仅藻井彩画有细微的差别。具体区别在宝顶上，万春亭宝顶上有云文（或者火焰纹），千秋亭则没有。

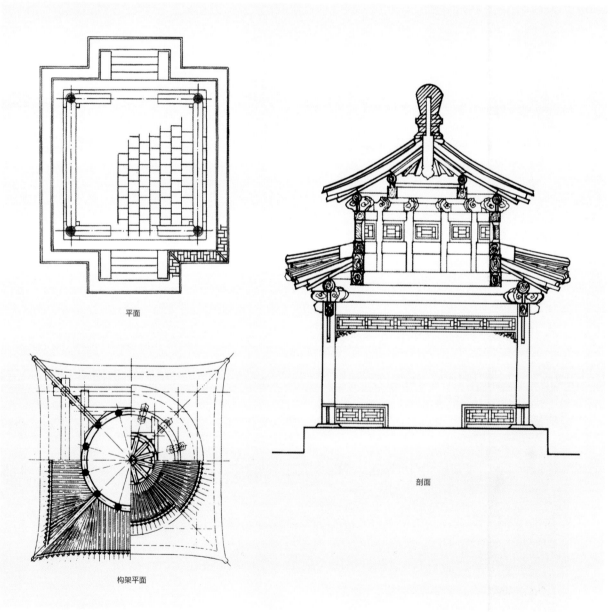

平面

构架平面

剖面

图3-1-1-89 天圆地方亭基本构造

图3-1-1-90 北海公园龙泽亭

图3-1-1-91 故宫御花园万春亭

图3-1-1-92 河南卫辉比干庙混园亭

E. 十字亭

由一座单体四方亭或八方亭四面加抱厦所形成的组合亭，比较典型的有承德避暑山庄的水流云在亭、北京北海公园妙相亭、云南圆通山衲霞亭等。承德避暑山庄的水流云在亭主体是一座重檐四角亭，抱厦与主体亭的组合采用勾连搭的方式。

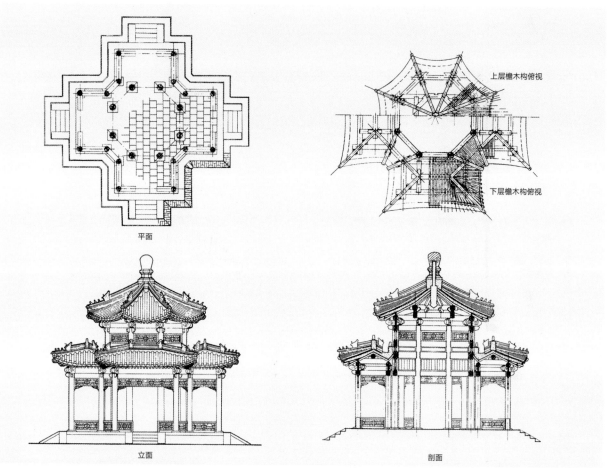

图3-1-1-93 八角十字亭基本构造

图3-1-1-94 北海公园妙相亭

图3-1-1-95 云南圆通山衲霞亭

图3-1-1-96 承德避暑山庄水流云在亭

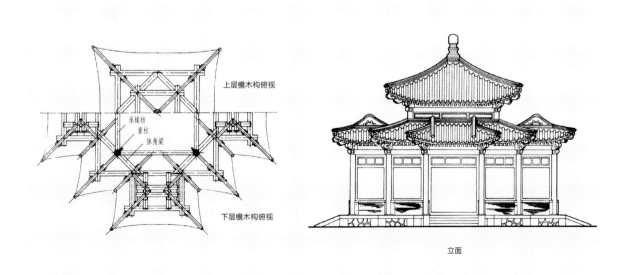

上层檐木构俯视

承椽枋
童柱
抹角梁

下层檐木构俯视

立面

图3-1-1-97 承德避暑山庄水流云在亭基本构造

F. 半亭

指依附于墙体、廊或天然岩壁、石洞建筑的亭子。这种亭顺自然形势，往往截去依墙或依廊一面的建筑，与环境和谐融合在一起，自然形成了半个亭子。网师园冷泉亭、拙政园倚虹亭、半园半亭（怀云亭）、狮子林真趣亭都属于半亭实例。

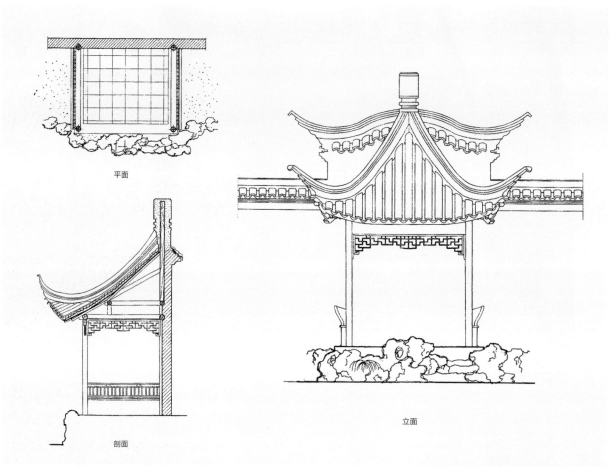

平面

剖面

立面

图3-1-1-98 网师园冷泉亭平面、立面、剖面

图3-1-1-99 网师园冷泉亭

图3-1-1-100 半园半亭

图3-1-1-101 狮子林的扇面半亭

图3-1-1-102 广东顺德清晖园半亭

图3-1-1-103 狮子林真趣亭

图3-1-1-104 江苏扬州片石山房西廊半亭

图3-1-1-105 拙政园依虹亭

8、异形亭

A. 海棠亭

　　环秀山庄海棠亭位于湖石砌筑的基座上，

后面有花木映衬，整个亭子从整体到细部都以海棠花为主题。大至平面、柱子断面、顶棚藻井，小至装饰图案花纹，无一不是海棠花瓣形。

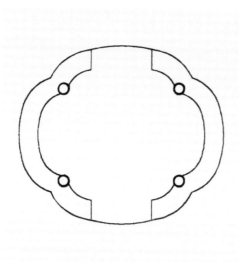

图3-1-1-106 环秀山庄海棠亭平面

图3-1-1-107 环秀山庄海棠亭

图3-1-1-108 上海南翔古猗亭

B. 扇面亭

拙政园的与谁同坐轩是典型的侧扇面亭，它位于园区西部东侧水池转折处，扇形的弧面和池岸相协调。亭小巧玲珑，亭内空窗、顶棚、石桌等均为扇形，两侧的门洞形式精巧。亭平面最宽为4.6米，进深2.3米，檐高2.3米。此外，狮子林的扇子亭、王家大院的扇子亭也非常有名。

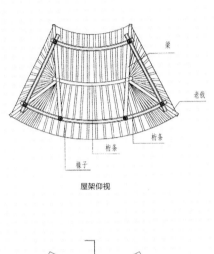

屋架仰视

立面

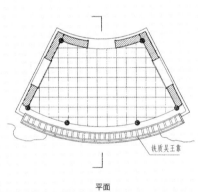

平面

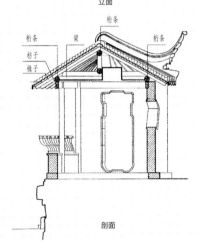

剖面

图3-1-1-109 拙政园与谁同坐轩平面、立面、剖面

图3-1-1-110 拙政园与谁同坐轩

图3-1-1-111 艳丽彩画灰瓦亭，具有典型的北方园林风格。

C. 梅花亭

著名的梅花亭位于苏州香雪海，出自近代吴中工匠、香山帮传人姚承祖之手。亭子造型别致，以梅花为题材，故平面为梅花形，设五柱。其屋面亦呈梅花瓣状，为五坡攒尖顶，用小青瓦铺设。宝顶上设铜鹤一座，寓"梅妻鹤子"之意。

图3-1-1-112 香雪海梅花亭透视图

图3-1-1-113 香雪海梅花亭

D. 官帽亭

拙政园的浮翠阁，阁顶外观如古代的官帽。它位于拙政园西部留听阁旁的小山上，与三十六鸳鸯馆相对，周围假山相绕，景色优美。

图3-1-1-114 拙政园官帽亭

二、亭子的基本功能

亭，这个精雅而小巧的建筑形式，在园林布局中，起到了借景、组景、纳景、引景、框景，以及增加景物之间的穿插、对比、映衬、转换、渗透的作用。而从亭的实用价值看，也各有不同，有建在路旁的路亭，有因碑而立的碑亭，有建于桥上的桥亭，有遮蔽水井的井亭，有存放钟的钟亭，有存放鼓的鼓亭。

1、路亭

路亭大多坐落在村头、路旁、渡口和山野之间，供过往行人歇脚、避雨、遮阳。路亭一般比较古朴简陋，没有堂皇的仪表，也没有精雅的陈设。有些路亭会有壁画和雕刻，有文人墨客途经此处，观其景致，品其联额，亦会借题发挥，即兴作诗，题于亭壁。而有不同见解者，还会题写与原意不同的诗句，为过路的文人墨客添助雅兴，这些路亭便成"诗亭"或"斗诗亭"了。有些路亭附近的居民还在亭内设置茶水，免费供行人饮用，俗称"施茶"，故路亭也叫"茶亭"。

图3-1-2-3 云南省楚雄市彝人古镇路亭

图3-1-2-1 浙江省绍兴市运河园闲亭

图3-1-2-2 浙江省瑞安市平阳坑古路亭

图3-1-2-4 浙江省温州市楠溪江古村落苍坡村路亭

图3-1-2-5 浙江省温州市永嘉四海山路亭

图3-1-2-6 浙东古运河路亭

2、碑亭

碑亭，顾名思义，是指对石碑有保护作用的亭
子。一般亭内矗立一块大碑石，碑上镌有诗词或者名
言警句。比较有名的碑亭有绍兴兰亭鹅池碑亭、北京
卢沟桥"卢沟晓月"碑亭、杭州西湖三潭映月碑亭等。

图3-1-2-8 江西省九江市庐山御碑亭

图3-1-2-7 山东省淄博市桓台县五贤祠乾隆御碑亭

图3-1-2-9 临沂王羲之故居洗砚池碑亭

图3-1-2-10 浙江省绍兴市兰亭御碑亭

图3-1-2-11 江苏省宿迁市乾隆行宫碑亭

图3-1-2-12 北京卢沟桥"卢沟晓月"碑亭

图3-1-2-13 陕西省宝鸡市岐山周公庙碑亭

图3-1-2-14 浙江省绍兴市大禹陵碑亭　图3-1-2-15 谪仙亭，用以纪念诗人李白。

图3-1-2-16 嘉峪关关城碑亭

3、桥亭

建于桥上的亭廊，称为桥亭。桥亭是旧时交通要道上的建筑，只有在水乡、桥乡才有这种胜景。从功能上讲，桥亭可以供游人遮阳避雨；从美学形态上讲，桥亭能增加桥的形体变化，丰富空间形态。颐和园镜桥、杭州西湖三潭印月三角亭、佛山梁园水岸桥亭、浙江武义郭洞古桥亭等都是桥亭的典型代表。

图3-1-2-17 杭州芝园桥亭

图3-1-2-18 北京颐和园镜桥上的八角重檐桥亭

图3-1-2-19 江苏省扬州市五亭桥，"上建五亭，下列四翼"，既有南方之秀，也有北方之雄。

图3-1-2-20 浙江省杭州市湘湖采荷桥上的桥亭

图3-1-2-21 北京陶然亭公园桥亭

图3-1-2-22 北京颐和园荇桥亭

图3-1-2-23 浙江省江山市廿八都枫溪桥亭

图3-1-2-24 广西柳州市龙潭风雨桥亭

4、井亭

指遮蔽水井的亭子。在我国古代，井亭的最大特点是顶中央开着露天的洞口，如果是攒尖顶则像把上部水平截去了尖。顶口开口是为了纳光以看清下边水井里的水面，同时也为了便于工作，在清掏的时候不必另搭架子。

图3-1-2-26 浙江省绍兴市沈园宋井亭

图3-1-2-25 浙江省绍兴市沈园六朝井亭

图3-1-2-27 南京朝天宫卞公忠孝泉井亭，为盝顶式亭。

图3-1-2-28 北京京城九坛之先农坛东井亭

图3-1-2-29 山西王家大院泽龙井亭

5、钟亭

　　指存放古钟的亭子。有些钟亭的钟顶部会篆刻诗文、经文等。比较有名的钟亭有北京大钟寺古钟亭、南京夫子庙钟亭。

图3-1-2-30 北京大钟寺古钟亭

图3-1-2-31 江苏省南京市夫子庙钟亭

图3-1-2-32 上海惠南古钟园古钟亭

图3-1-2-33 云南省丽江市万古楼钟亭

6、鼓亭

鼓亭是指存放鼓的亭子。古时击钟报晨，击鼓报暮，因此有"晨钟暮鼓"之称。钟鼓亭在古时除了报晓告昏，还起到警报的作用，在紧急情况时告诫百姓。

图3-1-2-34 山西省大同市善化寺鼓亭

图3-1-2-35 云南省丽江市万古楼鼓亭

图3-1-2-36 山西省太原市晋祠鼓亭

图3-1-2-37 山西省太原市崇善寺鼓亭

三、亭子的常用材料

亭子适于用各种材料建造，由于用材的不同，不但在造型形象上各具千秋，而且还表现出不同的个性。亭的造型形象，按照建造使用的材料不同，可分为不同形式的亭子，其功能也不尽相同。按其材料的不同，古代的亭子可分为木亭、石亭、砖亭、茅亭、竹亭和铜亭，其中石亭是我国现存最早的亭。

1、木亭

木构的凉亭，以木构架琉璃瓦顶和木构黛瓦顶两种形式最为常见。前者为皇家建筑和坛庙宗教建筑中所特有，富丽堂皇，色彩浓艳。后者则是中国古典亭榭的主导，或质朴庄重，或典雅清逸，遍及大江南北，是中国古典凉亭的代表形式。

图3-1-3-1 灰瓦木亭，造型简洁干净。

图3-1-3-2 徽派风格楠木亭，梁架结构为典型的徽派冬瓜梁。

图3-1-3-3 碧云亭，典型的苏州园林风格亭。

图3-1-3-4 何园近月亭

图3-1-3-5 安徽琅琊山影香亭

图3-1-3-6 何园湖心亭

2、石亭

以石建凉亭，在我国也相当普遍。现存最早的

凉亭，就是石亭。早期的石亭大多模仿木结构的做法，斗拱、月梁、明栿、雀替、角梁等，皆以石材雕琢而成。

图3-1-3-7 连云港花果山迎曙亭

图3-1-3-8 中山陵光华亭

图3-1-3-9 自清亭

图3-1-3-10 百鹅亭

图3-1-3-11 无锡鸿山西仓大坊古石亭

3、砖亭

砖亭往往有厚重的砖墙，产生一种庄重、静穆的气氛。以砖做结构材料的凉亭，都是采用拱和叠涩技术建造的，造型别致，颇具特色。

图3-1-3-12 兰陵王碑亭

图3-1-3-13 江苏高邮秦邮亭

图3-1-3-14 北京明十三陵的长陵碑亭

图3-1-3-15 扬州四望亭，砖木结构。

4、茅亭

茅亭是各类凉亭的鼻祖,源于现实生活中山间路旁歇息避雨的休息棚、水车棚等。多用原木稍事加工以为梁柱,或覆茅草,或盖树皮,一派天然情趣。

图3-1-3-16 成都杜甫草堂茅草亭

图3-1-3-17 秦岭南坡张良庙茅草亭

图3-1-3-18 白龙潭皇家森林公园万福亭

图3-1-3-19 杭州西溪湿地茅草亭

5、竹亭

由于竹不耐久，存留时间短，所以遗留下来的竹亭极少。竹亭多用绑扎辅以钉、铆的方法建造。有些竹亭，梁、柱等结构构件仍用木材，外包竹片，以仿竹形，其饮坐凳、橼、瓦等则全部用竹制作，既美观，又便于修护。

图3-1-3-20 竹木结构休息亭

图3-1-3-21 蜀南竹海竹亭

图3-1-3-22 婺源江湾竹亭

图3-1-2-23 淇河猗竹亭

图3-1-3-24 南宁南湖公园竹亭

6、金属亭

铜亭也是仿木结构建造的。以宝云阁为例，它通高7.5米，重207吨，四面有菱花扇，柱、梁、斗、拱、椽、瓦、宝顶以及九龙匾额、对联等，都和木结构一模一样。它通体蟹青色，造型精美，工艺复杂，是世上少有的珍品。

图3-1-3-25 颐和园宝云阁

图3-1-3-26 安徽齐云山香炉峰上的铁亭，有诗赞其妙曰："山作香炉云作烟，嵯峨玉观隐千年"。

图3-1-3-27 岱庙铜亭

图3-1-3-28 昆明金殿公园中的铜亭

四、亭子的装饰元素

1、宝顶

宝顶是我国传统的建筑构件之一，因其位于亭的最高处，又常于其内藏些"宝物"，故称宝顶。宝顶不仅有装饰、加固屋顶的作用，还能够保护雷公柱不受雨水侵蚀。在皇家建筑中，宝顶大多为铜质鎏金材料制成，光彩夺目。

宝顶一般由顶座和顶珠两部分组成，顶座往往采用须弥座形式，高度不低于宝顶全高的五分之三，顶座平面常见的有圆形、四方、六方、八方。顶珠以圆形为多见，材质以陶瓷和琉璃为多。有的四周还有龙凤、牡丹等浮雕图案，有的还立有仙鹤、孔雀等飞禽，显示亭的昂扬气势。

图3-1-4-1 常见宝顶样式

图3-1-4-2 北京天坛双环万寿亭宝顶

图3-1-4-3 北京御花园千秋亭宝顶

图3-1-4-4 杭州西湖三潭印月的开网亭，仙鹤宝顶

图3-1-4-5 北京御花园万春亭宝顶

图3-1-4-6 北方亭的石刻宝顶

图3-1-4-7 浙江临海市东湖湖心亭的宝顶

图3-1-4-8 文赤壁放龟亭宝葫芦顶

2、脊

中国木构建筑，最怕遭遇雷击、雨水，脊是人们防雷防雨的希望。屋脊的坡度，会使脊瓦下滑，交梁上需要铁钉固定。为了保护铁钉免受雨雪侵蚀，角兽就用来当作铁钉的"帽子"，并起到一定的装饰作用。垂兽、戗兽、套兽，都是这样的作用。唐宋时还只有一枚兽头，以后逐渐增加数目不等的蹲兽，到清代形成了今天常见的"仙人骑凤"领头的小动物队列形态。脊在实用功能之外，还被进一步赋予了装饰和标示等级的作用。

A. 正脊装饰

正脊，又叫大脊、平脊，位于屋顶前后两坡相交处，是屋顶最高处的水平屋脊。正脊两端的构件，后代一般称为鸱吻。传说中鸱吻是海龙王的九子之一，它属水，能激浪成雨，把它放在屋脊上可以当作灭火消灾的"镇物"。除鸱吻外，屋脊装饰中还有一种鱼吻，其形如飞鱼，尾上翘。明清时期，鱼吻也是一些地方建筑中常见的形式。

我国传统建筑，除对正脊两端进行装饰外，还注重对正脊中央的装饰，比如隋代开始出现的火珠。到明清时期，宗教建筑喜欢在正脊中央装饰琉璃龛、宝瓶、琉璃楼阁，有的还夹杂一些神仙故事。就像现在还可以看到的火珠装饰，如"二龙抢珠"、"双龙朝三星"等，象征辟邪与祈福之意。

图3-1-4-9 龙吻脊大样

图3-1-4-10 鱼龙吻脊大样

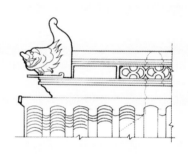

图3-1-4-11 哺龙脊大样

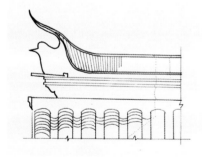

图3-1-4-12 哺鸡脊大样

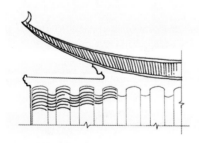

图3-1-4-13 雌毛脊大样

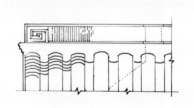

图3-1-4-14 甘蔗脊大样

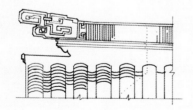

图3-1-4-15 纹头脊大样

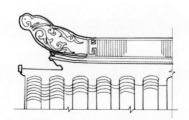

B. 垂脊装饰

垂脊是古代屋顶的一种屋脊。垂脊装饰中比较有名的是"仙人骑凤"。骑凤仙人放在垂脊端第一位，也表示前面无路可走，只能骑凤飞行。相传战国时期，齐国的国君在一次大战中失败，后面有敌人紧逼，前面又有波涛汹涌的大江阻路，走投无路之时，突然，一只大鸟飞落眼前。齐国国君骑上大鸟，渡过大江，化险为夷。因此人们把他放在建筑脊端，寓意着逢凶化吉。仙人后坐姿排列着一队蹲兽，根据建筑规模和等级不同而数目有所不同，多为一、三、五、七、九等单数。它们依次是龙、凤、狮子、天马、海马、狻猊、狎鱼、獬豸、斗牛、行什，数目越多，表示级别越高。小兽的递减是从后面的行什开始的。

图3-1-4-16 最高规制仙人走兽式样

图3-1-4-17 骑凤仙人样式

图3-1-4-18 北京松堂斋亭子的垂脊装饰

图3-1-4-19 松柏交翠亭的垂脊装饰

图3-1-4-20 兰亭八柱亭的垂脊装饰

图3-1-4-21 廓如亭的垂脊装饰

图3-1-4-22 北方亭子雕刻精美的垂脊

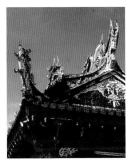

图3-1-4-23 艳丽的彩画垂脊

3、瓦

瓦是用陶土烧制而成的一种屋顶构件，也是一项解决屋顶防水防雨问题的重要技术。最早的瓦，因为少且稀有，用在屋脊上，叫做"薨脊"，意思就是覆盖在屋脊之上。古代用瓦分等级，黄色琉璃瓦为最尊，只能用于皇室和庙宇；绿色次之，用于亲王世子和群僚；一般地方贵族用布筒瓦；劳动平民只能使用布板瓦。

瓦按材质分为琉璃瓦和布瓦。琉璃瓦表面有釉子，光滑美丽，坚固隔水。布瓦又叫青瓦，质地松，有气孔。瓦按用途分为筒瓦和板瓦。筒瓦为半圆筒形，起覆盖背水的作用。板瓦是凹弯形，凹弯朝上一块接一块形成瓦沟，起接水淌水的作用。

勾头也就是"瓦当"。瓦当是元代以前的称呼，到了明清时称为"勾头"。勾头端部表面的纹样，内容非常丰富，在各个时代也都有当时的特色，并且纹样种类有一定的变化、发展。因此，根据勾头纹样甚至能判断出其生产的年代。

图3-1-4-24 文赤壁放龟亭瓦当上的东吴白虎纹饰

图3-1-4-25 西岳庙亭子的水滴瓦，刻有"福"字样。

图3-1-4-26 粤剧大老倌陆云飞旧居亭子上的瓦当，意为延年益寿。

图3-1-4-27 刻有"寿"字的瓦当

图3-1-4-28 沧浪亭瓦当

图3-1-4-29 黄色琉璃龙纹瓦当

4、挂落

挂落是汉族传统建筑中额枋下的一种构件，常用镂空的木格或雕花板做成，也可由细小的木条搭接而成，用作装饰或划分室内空间。挂落在建筑中常为装饰的重点，常做透雕或彩绘。

在建筑外廊中，挂落与栏杆从外立面上看位于同一层面，且纹样相近，有着上下呼应的装饰作用。而自建筑中向外观望，则在屋檐、地面和廊柱组成的景物图框中，挂落犹如装饰花边，使图画空阔的上部产生了变化，出现了层次，具有很强的装饰效果。

挂落的式样以其芯子的图案命名，有万字、整纹、乱纹、藤景等。其中万字、整纹、乱纹在制作手法上可以分为宫式做法和葵式做法，藤景式挂落是以雕刻手法形式的挂落。

在众多式样的挂落中，最为常用且易于制作的是万字宫式做法；对装饰要求较高的建筑则以万字葵式做法为主。至于整纹、乱纹、藤景等形式实属复杂，且挂落所处的装饰位置不显要，故该类做法的挂落极少。

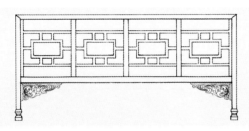

图3-1-4-30 宫式挂落（吴制）

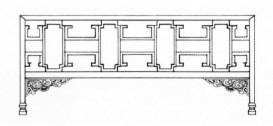

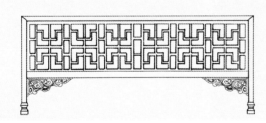

图3-1-4-31 句子头挂落（吴制）

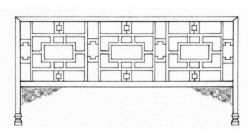

图3-1-4-32 嵌结子挂落（吴制）

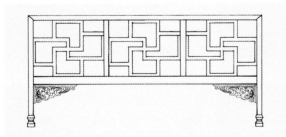

图3-1-4-33 万字挂落（吴制）

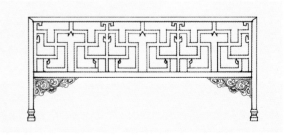

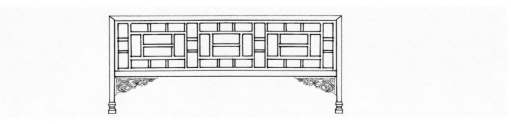

图3-1-4-34 步步锦样式挂落（清制）

图3-1-4-35 承德避暑山庄水流云在亭的挂落

图3-1-4-36 颐和园知春亭的步步锦挂落

图3-1-4-37 颐和园秋水亭的步步锦挂落

图3-1-4-38 留园可亭的万字挂落

图3-1-4-39 拙政园天泉亭的万字挂落

图3-1-4-40 绣绮亭的万字挂落

图3-1-4-41 拙政园荷风四面亭的万字挂落

5、美人靠（鹅颈椅）

鹅颈椅又名美人靠、吴王靠、飞来椅等。鹅颈椅是安装在半墙面的形似椅子靠背的矮栏，供人们休憩使用。鹅颈椅常用于亭、榭、轩、阁等小型建筑的外围，视各建筑平面的不同，用在建筑的一面或多面。

鹅颈椅的构造形式近似栏杆，高度在50cm左右，长度视开间而定。由于鹅颈椅安装时向外倾斜，在两扇鹅颈椅阳角转角相交部位各自形成一个大于直角的相交面，阴角则相反。鹅颈椅的芯子形式比较单一，常用的为竹节状，复杂的芯子图案有回纹、万字纹，但属少见。因鹅颈椅的断面形状呈不规则的圆弧，其芯子做成回纹等图案，施工复杂程度比一般栏杆大。

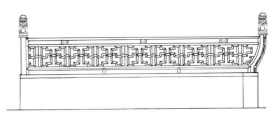

图3-1-4-45 狮子林真趣亭的美人靠大样

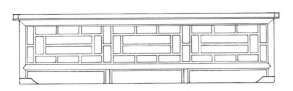

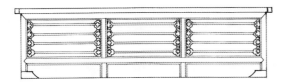

图3-1-4-42 常见美人靠样式

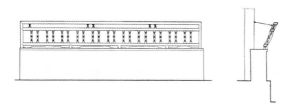

图3-1-4-43 拙政园绣绮亭的美人靠大样

图3-1-4-46 狮子林真趣亭的美人靠

图3-1-4-44 万竹园爱荷亭的鹅颈椅

图3-1-4-47 万字纹鹅颈椅

6、柱础

柱础是古代建筑构件的一种，俗称磉盘或柱础石，它是承受屋柱压力的垫基石，凡是木架结构的房屋，可谓柱柱皆有，缺一不可。柱础承受由柱子传来的屋顶荷载的同时，还有隔绝地基的潮气、防止木柱受潮腐烂的作用。

柱础的形式有覆盆式、覆斗式、鼓式、基座式等。基座式是较为常见的一种柱础形制，多用须弥座，座的上下有枋，中段为收缩进去的束腰，整体造型端庄。

早期柱础的形式以圆柱形及圆鼓形为主，表面施以简单的花纹或线条等浅浮雕的装饰，显得朴素淡雅。道光之后，圆鼓形的柱础已渐消失，整个造型显得细高秀挺。晚期的柱础，形式变化丰富，有扁圆形、莲瓣形、方形等。宗教建筑和皇家建筑大都还是沿袭传统的做法，寺庙中多见宋《营造法式》中的圆形覆盆础，故宫中则以清《营造算例》中的古镜础为主。他们不敢突破祖上的规定，故造型相对要单调得多。

图3-1-4-48 须弥座式柱础

图3-1-4-49 圆鼓式柱础

图3-1-4-50 古镜柱础

图3-1-4-51 木柱石础，莲花瓣装饰花纹。

图3-1-4-52 苏州拙政园亭子鼓形石柱础，四面雕刻着精美的浮雕纹样，有兔子、鹿及各种花卉图案。

图3-1-4-53 六边形石柱础

7、彩画

彩画是我国特有的一种建筑装饰艺术。油漆彩画涂在木料上本来为的是避免风日雨雪的侵蚀，随着历史不断向前发展，颜色工料变得讲究，彩画成为中国古建筑上的一种重要装饰。

彩画分为殿式和苏式。殿式是程式化象征的画题，如龙、凤、锦、旋子、西蕃莲、西蕃草、夔花等，这些都用在最庄严的宫殿上。殿式又分为和玺彩画和旋子彩画。和玺彩画是以图案来分类，包括金龙和玺、龙凤和玺、金琢墨和玺、楞草和玺、连草和玺等。旋子彩画是以色彩来分类，包括金琢墨石碾玉、烟琢墨石碾玉、金线大点金、墨线大点金、金线小点金、墨线小点金、雅伍墨等。

苏式彩画多应用于园林建筑上。它以写实的笔法和画题为主，主要表现自然现象，如山水、花卉、葡萄、莲花、牡丹、桃子、佛手等；器皿，如鼎、砚、书、画等；动物，如仙鹤、蛤蟆、蝙蝠、鹿、蝶等；字，如福、寿等。

图3-1-4-54 廊如亭彩画

图3-1-4-55 兰亭八柱亭彩画

图3-1-4-56 双环万寿亭中以山水为主题的苏式彩画

图3-1-4-57 中山公园亭子中以山水为主题的苏式彩画

图3-1-4-58 颐和园亭子彩画：孔融让梨

图3-1-4-59 颐和园亭子彩画：老子出关

图3-1-4-60 颐和园亭子彩画：辕门射戟

第二节 现代中式亭

一、仿古亭

仿古中式亭并不是简单的元素堆砌，而是通过对中国传统文化的理解和提炼，将现代元素与传统元素相结合，以现代人的审美需求来打造富有传统韵味的中式亭，让传统艺术在当今社会得以更好地展现。仿古中式亭继承了唐代、明清时期建筑元素的精华，将其中的经典元素进行提炼并加以丰富，同时摒弃了原有的繁琐、等级、尊卑等封建思想形式，给传统建筑元素注入了新的气息。

3-2-1-1		
3-2-1-2		3-2-1-3
3-2-1-4	3-2-1-5	3-2-1-6	3-2-1-7

图3-2-1-1　半亭，飞檐翘角，饰精巧镂空挂落。

图3-2-1-2　半亭，硬山顶，垂莲柱突出，脊端有凤凰
　　　　　形饰。

图3-2-1-3　三角亭，单檐攒尖顶，立于湖畔。

图3-2-1-4　昆山锦溪岛尚项目的临湖半亭

图3-2-1-5　三角湖心亭，三重檐攒尖顶。

图3-2-1-6　杭州西子湖酒店内的亭子

图3-2-1-7　四角亭，飞檐翘角，宝顶葫芦状。

图3-2-1-8　绍兴东湖的四角湖心亭，绿色琉璃瓦装饰。

图3-2-1-9　四角亭，单檐攒尖顶，亭脊宽厚。

图3-2-1-10　成都温江国色天香项目的亭子，亭顶立有仙鹤形饰。

图3-2-1-11　四角亭，单檐歇山顶。彩绘精巧，极富装饰性。

图3-2-1-12　四角亭，单檐攒尖顶。

图3-2-1-13　四角亭，单檐攒尖顶，飞檐翘角，宝顶方形。

图3-2-1-14　四角亭，单檐攒尖顶。

	3-2-1-16	3-2-1-18
3-2-1-15	3-2-1-17	3-2-1-19

3-2-1-20	3-2-1-21	3-2-1-22

图3-2-1-15 四角桥亭，供人观景停留之用。

图3-2-1-16 四角亭，单檐攒尖顶，宝顶呈莲花葫芦状，立于水上。

图3-2-1-17 四角亭，单檐卷棚顶，覆黄色琉璃瓦，彩画以蓝、绿为主色调。

图3-2-1-18 四角亭，单檐攒尖顶，木结构。

图3-2-1-19 四角亭，单檐歇山顶，顶上有动物形饰。

图3-2-1-20 四角亭，单檐攒尖顶，临水。

图3-2-1-21 四角亭，重檐攒尖顶，立于桥上。

图3-2-1-22 四角亭，单檐攒尖顶，覆红色琉璃瓦，立于桥上。

图3-2-1-23 四角亭，单檐攒尖顶，亭顶立有凤凰形饰。

图3-2-1-24 四角亭，单檐歇山顶，覆绿色琉璃瓦，顶上
　　　　　有动物形饰。

图3-2-1-25 四角亭，单檐歇山顶，石结构。

图3-2-1-26 四角亭，单檐攒尖顶，脊端有彩绘动物形饰。

图3-2-1-27 四角亭，单檐筒瓦攒尖顶，飞檐翘角，立于
　　　　　桥上。

图3-2-1-28 四角亭，单檐攒尖顶，脊端有反曲凤凰形饰，
　　　　　立于湖畔。

图3-2-1-29 位于水边的四角亭

3-2-1-30		3-2-1-31
		3-2-1-32
3-2-1-33	3-2-1-34	3-2-1-35	3-2-1-36

图3-2-1-30 四角亭，饰镂空挂落，立于湖畔。

图3-2-1-31 四角亭，彩绘颜色鲜艳，檐脊有动物形饰。

图3-2-1-32 四角亭，单檐歇山顶，飞檐翘角，顶上有动物
　　　　　形饰。

图3-2-1-33 四角亭，重檐攒尖顶，彩绘以蓝绿为主色调。

图3-2-1-34 四角亭，单檐攒尖顶，立于水畔。

图3-2-1-35 深圳园博园四角亭，单檐攒尖顶，饰镂空挂落。

图3-2-1-36 四角亭，重檐攒尖顶，彩绘以蓝、绿为主色调。

3-2-1-37	3-2-1-38	3-2-1-39	3-2-1-40
3-2-1-41		3-2-1-42	
		3-2-1-43	

图3-2-1-37 四角亭，重檐攒尖顶，下层为圆形门洞。

图3-2-1-38 五角亭，重檐攒尖顶，飞檐翘角。

图3-2-1-39 六角亭，重檐筒瓦攒尖顶，覆绿色琉璃瓦，彩绘颜
色鲜艳，檐脊有动物形饰。

图3-2-1-40 六角亭，重檐攒尖顶。立于水畔，饰镂空挂落。

图3-2-1-41 六角湖心亭，单檐攒尖顶。

图3-2-1-42 六角亭，重檐攒尖顶，饰精巧镂空挂落。

图3-2-1-43 六角亭，单檐攒尖顶，位于泸州莲子山。

| 3-2-1-44 | 3-2-1-45 | 3-2-1-46 | 3-2-1-47 |

| 3-2-1-48 | 3-2-1-49 |

图3-2-1-44 六角亭，重檐攒尖顶，石结构，脊端有动物形饰。

图3-2-1-45 六角湖心亭，单檐攒尖顶，飞檐翘角。

图3-2-1-46 六角亭，重檐攒尖顶，覆黄色琉璃瓦，彩绘颜色鲜艳。

图3-2-1-47 六角湖心亭，重檐攒尖顶，木结构。

图3-2-1-48 六角亭，单檐攒尖顶，位于江苏省东海西双湖风景区。

图3-2-1-49 六角亭，重檐攒尖顶，斗拱重叠，细节很精美。

3-2-1-50		3-2-1-51
		3-2-1-52
3-2-1-53	3-2-1-54	3-2-1-55	3-2-1-56

图3-2-1-50 六角湖心亭，单檐攒尖顶。

图3-2-1-51 六角湖心亭，单檐攒尖顶。

图3-2-1-52 山顶六角亭，单檐攒尖顶。

图3-2-1-53 六角亭，重檐攒尖顶，石结构，飞檐翘角。

图3-2-1-54 云南腾冲悦椿温泉度假村内的四角亭

图3-2-1-55 六角亭，重檐攒尖顶，飞檐翘角，垂莲柱突出。

图3-2-1-56 六角亭，单檐攒尖顶，覆绿色琉璃瓦，飞檐翘角。

3-2-1-57	3-2-1-58	3-2-1-59	3-2-1-60
3-2-1-61		3-2-1-63	
3-2-1-62			

图3-2-1-57 位于山林中的亭，为重檐攒尖顶。

图3-2-1-58 八角碑亭，亭顶建造富有特色，内立一石碑。

图3-2-1-59 八角亭，单檐攒尖顶，彩绘装饰，位于银川中山公园。

图3-2-1-60 八角湖心亭，重檐攒尖顶。

图3-2-1-61 八角亭，单檐攒尖顶，彩绘装饰以绿为主色调。

图3-2-1-62 八角亭，三重檐攒尖顶，飞檐翘角，宝顶呈含苞状。

图3-2-1-63 八角亭，三重檐攒尖顶，檐脊镂空，脊端有动物形饰，立于湖上。

	3-2-1-65
3-2-1-64	3-2-1-66

| 3-2-1-67 | 3-2-1-68 | 3-2-1-69 | 3-2-1-70 |

图3-2-1-64 八角亭，重檐攒尖顶，双围柱。

图3-2-1-65 八角亭，单檐攒尖顶，宝顶亦呈八角，竹结构。

图3-2-1-66 组合湖心亭，单檐攒尖顶，亭体白色。

图3-2-1-67 圆形亭，单檐，彩画以蓝、绿为主色调。

图3-2-1-68 圆形亭，单檐。

图3-2-1-69 圆形亭，重檐，覆黄色琉璃瓦，彩绘颜色鲜艳。

图3-2-1-70 圆形亭，重檐，素色石结构。

3-2-1-71	3-2-1-72

3-2-1-73	3-2-1-74	3-2-1-75	3-2-1-76

图3-2-1-71　揽鳌亭，位于福州于山，为重檐圆亭。

图3-2-1-72　组合亭，雕刻图案后施以彩绘，精美多彩。脊端有彩绘吉祥物形饰。

图3-2-1-73　组合亭，单檐攒尖顶，飞檐翘角。

图3-2-1-74　组合亭，重檐攒尖顶，彩画以蓝、绿为主色调。

图3-2-1-75　组合亭，单檐攒尖顶，木结构。

图3-2-1-76　组合亭，单檐攒尖顶，位于水边，可供人观赏休憩之用。

3-2-1-77	3-2-1-78		3-2-1-80
	3-2-1-79		
3-2-1-81	3-2-1-82	3-2-1-83	

图3-2-1-77 组合亭，单檐攒尖顶，立于水畔。

图3-2-1-78 组合亭，廊亭结合，主亭重檐，亭顶及脊端有凤凰形饰。

图3-2-1-79 组合亭，单檐攒尖顶，绘画色彩以绿色为主。

图3-2-1-80 组合亭，单檐攒尖顶，位于丽江悦榕庄。

图3-2-1-81 组合亭，景墙与亭子结合，立于水畔。

图3-2-1-82 龙潭湖公园的龙亭组合亭，亭柱及檐脊装饰有龙形雕塑，金碧辉煌。

图3-2-1-83 组合湖心亭，重檐攒尖顶，梁枋以蓝色淡彩装饰。

二、新中式亭

　　新中式风格诞生于中国传统文化复兴的新时期，随着国力增强，民族意识日渐复苏，人们开始从纷乱的"摹仿"和"拷贝"中整理出头绪。在探寻中国设计界的本土意识之初，逐渐成熟的新一代设计队伍和消费市场孕育出含蓄秀美的新中式风格。

　　当代中式亭的表现形式追逐的是徽系和北方派系，它将传统的结构形式通过重新设计组合后，将民族特色以另一种标志符号来体现，使新中式风格不再和古老死板之间画等号，取而代之的是亲近自然、朴实简单且内涵丰富。新中式亭吸取传统装饰"形"、"神"的特征，以传统文化内涵提炼设计元素，革除传统建筑的弊端，去掉多余的雕刻，融合现代人的审美眼光，根据不同的功能需求，采取不同的处理手法。

3-2-2-1		
3-2-2-2	3-2-2-3	
3-2-2-4	3-2-2-5	3-2-2-6

图3-2-2-1 保利东郡项目中水边的景观亭

图3-2-2-2 四角硬山顶，亭顶为栅栏条状覆盖，金属结构。

图3-2-2-3 保利东郡项目的四角亭，金属结构。

图3-2-2-4 丽江悦榕庄中的木结构亭

图3-2-2-5 棠颂别墅项目中的四角新中式亭

图3-2-2-6 江苏泰禾江阴院子中的四角亭

3-2-2-7	3-2-2-8	3-2-2-9
3-2-2-10	3-2-2-11	
	3-2-2-12	

图3-2-2-7　秋日富春山居项目中的景观亭

图3-2-2-8　泰禾颐园项目中的四角景观亭，新中式风格。

图3-2-2-9　苏州绿地乾唐墅项目中的四角亭，顶部有圆形
　　　　　镂空，一面有圆形镂空门洞，颇具特色。

图3-2-2-10　泰禾颐园项目中的四角亭，立于水上。

图3-2-2-11　泰禾颐园项目中的四角亭，金属结构。

图3-2-2-12　泰禾颐园项目中的四角亭

3-2-2-13	3-2-2-14		
3-2-2-15	3-2-2-16	3-2-2-17	3-2-2-18

图3-2-2-13 泰禾颐园项目中的四角亭,平顶,立于叠石水景后,颇具意境。

图3-2-2-14 苏州绿地乾唐墅项目的四角方亭

图3-2-2-15 泰禾颐园项目中的四角亭,亭顶厚重。

图3-2-2-16 泰禾颐园项目中的四角亭,立于植物景观之中,一面有镂空门扇,体现中式风格。

图3-2-2-17 黄山雨润涵月楼酒店项目中的中式景观亭,覆深灰色瓦片。

图3-2-2-18 西安大兴郡项目中的中式亭,厚重的重檐硬山顶与宽大的柱子具有浓郁的汉风韵味。

3-2-2-19	3-2-2-21	
3-2-2-20		
3-2-2-22	3-2-2-23	3-2-2-24

图3-2-2-19 星湖湾项目的八角亭，单檐攒尖顶，无宝顶，覆深灰色瓦。

图3-2-2-20 杭州万科西庐项目的新中式四角亭

图3-2-2-21 丽江悦榕庄项目的单檐硬山顶亭，木结构，正脊出挑。

图3-2-2-22 丽江悦榕庄项目的单檐硬山顶亭，亭顶厚重，脊端稍出挑。

图3-2-2-23 丽江悦榕庄项目的单檐硬山顶四角亭，木结构，飞檐翘角。

图3-2-2-24 丽江悦榕庄项目的木结构景观亭

第三节 少数民族风情亭(构筑)

一、白族亭

　　白族亭多为土木结构或石木结构，通常采用中原殿阁造型，飞檐串角，四角亭檐尖角弧形上翘，再以泥塑、木雕、彩画、石刻、大理石屏、凸花青砖等组合成丰富多彩的立体图案，既显富丽堂皇，又不失古朴大方的整体风格。白族十分强调亭子的艺术性，镂空、技艺精湛的透漏雕是白族亭的常见形式。其绘画色彩多以白色为主，黑灰白相间，图案经典、古朴，并以唐诗、宋词等作为点缀，显得质朴、端庄、大气。卷草、飞龙、蝙蝠、玉兔，各种动植物图案造型千变万化，运用自如，展现出白族亭子的灵与动、静与秀。

| 3-3-1-1 | | 3-3-1-3 | |
| 3-3-1-2 | | 3-3-1-4 | |

| 3-3-1-5 | 3-3-1-6 | 3-3-1-7 | 3-3-1-8 |

图3-3-1-1 位于北京中华民族园内，重檐攒尖顶，外部均以白灰、
　　　　　墨画为主调，点缀以石蓝、赭色等彩画。

图3-3-1-2 位于云南大理崇圣寺内，重檐攒尖顶，彩绘颜色鲜艳，
　　　　　以对比强烈的红、黄、绿、蓝、白、金等色为主。

图3-3-1-3 位于云南大理崇圣寺观音阁侧边，重檐攒尖顶，内立一
　　　　　石碑——大崇圣寺碑铭。

图3-3-1-4 位于云南大理白族自治州鹤庆新华村，重檐圆型亭。

图3-3-1-5 位于云南大理白族自治州鹤庆新华村，单檐攒尖顶六角
　　　　　湖心亭。

图3-3-1-6 位于云南大理白族自治州鹤庆新华村，采用殿阁造型，
　　　　　飞檐串角。

图3-3-1-7 天主堂门楼，位于云南大理古城内，层层飞檐上装饰着
　　　　　白族风格的雕刻和中国传统的彩绘。

图3-3-1-8 云南大理王府门楼，飞檐斗拱，具有皇家气派。

3-3-1-9	3-3-1-11		
3-3-1-10			
3-3-1-12	3-3-1-13	3-3-1-14	3-3-1-15

图3-3-1-9 位于云南大理喜洲古镇，单檐歇山顶，与雕刻精美图案的照壁组合。

图3-3-1-10 观音阁，位于云南大理洱海小普陀岛，为重檐歇山顶亭阁式建筑。

图3-3-1-11 位于云南大理三塔倒影公园，六角攒尖顶湖心亭，覆黄色琉璃瓦装饰。

图3-3-1-12 位于云南大理古城蒋公祠内，单檐攒尖顶，抬梁与穿半相结合，木结构。

图3-3-1-13 位于云南大理沙溪古镇，重檐歇山顶楼阁式建筑。

图3-3-1-14 位于云南大理张家花园内，重檐四角亭，在砖石、泥灰等材质上雕刻图案后施以彩绘，精美多彩。

图3-3-1-15 位于云南大理古城大理王府内，重檐组合亭，廊亭组合，主亭歇山顶。

3-3-1-16	3-3-1-17	3-3-1-18	3-3-1-19	3-3-1-20
3-3-1-21			3-3-1-23	
3-3-1-22				

图3-3-1-16 位于云南大理张家花园，重檐四角亭，斗拱重叠，造型精巧。

图3-3-1-17 位于云南大理张家花园，六角亭，攒尖顶，亭檐起翘，反曲有举折呈流线型，给人舒适之感。

图3-3-1-18 位于云南大理张家花园，四角亭，彩绘精巧，极富装饰性。

图3-3-1-19 位于云南大理巍山县巍宝山，歇山顶，多层米字斗拱挑檐，黄色琉璃瓦装饰。

图3-3-1-20 位于喜洲古镇的白族风格亭子

图3-3-1-21 位于云南大理古城内，重檐筒瓦攒尖顶四角亭，飞檐翘角，装饰着白族风格彩绘，以蓝为主色调。

图3-3-1-22 位于云南大理古城内，单檐歇山顶四角桥亭。

图3-3-1-23 位于云南大理古城内，单檐歇山顶四角桥亭，与连廊结合形成双层。

二、傣族亭

　　傣族亭以木结构为主，从外观上看轮廓丰富，多为歇山式顶，亭子顶呈"人"字形，短脊，坡度较陡，脊上装饰有火焰状、卷叶状和动物的陶饰。正脊中央是一座小塔，脊端有鸱吻和孔雀形饰。檐下的木板上绘有壁画，柱子和横梁上有被称为"金水"的彩画。其彩绘色彩艳丽，红底金色，图案多为凤、孔雀、龙、狮子、花卉等，有的还镶嵌着彩色玻璃，造型朴素大方，风格独特。还有一些亭子顶成攒尖顶，装饰华丽，常用银子、白铁皮等做成镂空花饰。傣族亭的装饰材料极其多样，有的用瓦装饰，有的用铁装饰，有的用玻璃装饰，还有用各种涂料装饰的，其装饰方法主要有构件装饰和彩画装饰。

| 3-3-2-1 | 3-3-2-2 | | 3-3-2-3 |
| 3-3-2-4 | 3-3-2-5 | 3-3-2-6 | 3-3-2-7 |

图3-3-2-1 位于云南西双版纳版纳庄园内，平面形式呈四角形。屋脊上装有小金塔、禽兽、火焰状玻璃脊饰，檐上挂有铜铃，造型精巧独特。

图3-3-2-2 位于云南西双版纳版纳庄园内，墙面内外抹浅红色泥皮，镶嵌各种金色雕刻饰物，光彩夺目。

图3-3-2-3 景真八角亭，又称"勐景佛塔"，位于云南西双版纳傣族自治州，是一座闻名中外的罕见的砖木结构建筑，造型优美、结构特殊。

图3-3-2-4 位于云南德宏傣族景颇族自治州芒市雷牙让山顶勐焕大金塔旁，亭上有傣族艺人精心制作的金属装饰。

图3-3-2-5 位于云南西双版纳傣族园景区傣族村寨内，木结构，为歇山式顶，短脊，坡度较陡。

图3-3-2-6 位于云南德宏傣族景颇族自治州芒市，造型为三角尖塔式，门洞为葫芦形，系傣族宫殿式建筑，色彩金碧辉煌，具有浓郁的傣族特色。

图3-3-2-7 位于云南西双版纳版纳庄园内，亭顶呈"人"字形，覆盖着精致的鱼鳞形琉璃片瓦。

3-3-2-8	3-3-2-9	3-3-2-10	
3-3-2-11	3-3-2-12	3-3-2-14	
	3-3-2-13	3-3-2-15	

图3-3-2-8　位于云南西双版纳孔雀山庄金湖中，四角湖心亭，攒尖顶，脊端有孔雀形饰。

图3-3-2-9　位于云南西双版纳孔雀山庄金湖中，湖心亭，亭顶为小平瓦，装饰着孔雀形饰和密排的琉璃火焰。

图3-3-2-10　位于云南景洪市城郊勐泐大佛寺，重檐多坡面平瓦，方形，坡面由三层相叠而成，中堂较高，东西两侧递减。

图3-3-2-11　位于云南景洪市城郊勐泐大佛寺，正脊上的那瓦饰呈火焰状，戗脊首端竖有凤的形象，风格独特。

图3-3-2-12　位于云南景洪市城郊勐泐大佛寺，沿各脊有密密排列的许多火焰形和卷叶形黄色琉璃装饰，正脊中央是一座小塔，脊端有鸱吻和孔雀形饰。

图3-3-2-13　位于西双版纳傣族园，细节非常精美。

图3-3-2-14　位于云南西双版纳橄榄坝傣族园内，重檐多坡面平瓦，立面是一个"合"字。

图3-3-2-15　位于云南景洪市西双版纳热带植物园，呈正方形，亭顶三角锥状，用木片覆顶。

3-3-2-16	3-3-2-17	3-3-2-18	3-3-2-19
3-3-2-20	3-3-2-21		3-3-2-22

图3-3-2-16 位于云南景洪市曼听公园，为歇山式顶，顶呈"人"
字形，正脊中央是一座小塔。

图3-3-2-17 云南景洪市曼听公园内的组合亭。中部悬山式的小屋
面群，向上如鱼鳞状，两边是单檐坡面顶。

图3-3-2-18 位于云南景洪市曼听公园，两坡顶三段式，总体构成
好似歇山顶的两段式顶。脊端有鸱吻和孔雀形饰。

图3-3-2-19 位于云南景洪市曼听公园，四角亭，三坡面。

图3-3-2-20 位于云南景洪总佛寺，金塔和金孔雀装饰瓦檐的平板
瓦顶，横梁有大象等动物金饰。

图3-3-2-21 顶呈"人"字形，两坡顶，内置一挂钟。柱子和横梁
有被称为"金水"的彩画。

图3-3-2-22 位于云南景洪市曼听公园，亭上有傣族的精致装饰。

三、侗族亭(构筑)

侗族亭层层出挑，上大而下小，檐角曲翘，形成放射状。底为四方形，上面为多角形，有四檐四角、六檐六角、八檐八角等不同类型。层数均为单数，三、五、七、九层不等，有的高达十几层。亭子突兀高耸，最上面是造型别致的亭顶，有尖顶、歇山顶、悬山顶等式样，顶上还有象征吉祥的宝葫芦、千年鹤等雕饰物。亭子的梁柱瓦檐均饰以彩绘，精致华美。

风雨桥为侗族建筑"三宝"之一，因桥上建有廊和亭，既可行人，又可遮避风雨，故称风雨桥。这是一座四孔五墩伸臂木梁桥，其结构分为以桥墩、桥身为主的两部分。墩底用生松木铺垫，用油灰沾合料石砌成菱形墩座，上面铺放数层并排巨杉圆木，再铺木板作桥面，桥面上盖起瓦顶长廊桥身。桥身为四柱抬楼式建筑，桥顶建造数个高出桥身的瓦顶、数层飞檐翘起角楼亭，美丽、壮观。五个石墩上各筑有宝塔形和宫殿形的桥亭，逶迤交错，气势雄浑。长廊和楼亭的瓦檐头均有雕刻绘画，人物、山水、花、兽类图案色泽鲜艳，栩栩如生。这是侗乡人民智慧的结晶，也是中国木建筑中的艺术珍品。

3-3-3-1	3-3-3-3
3-3-3-2	
3-3-3-4	3-3-3-5	3-3-3-6

图3-3-3-1 程阳风雨桥，位于广西柳州市三江县林溪镇，为石墩木结构楼阁式建筑。墩台上建有5座塔式桥亭和19间桥廊，亭廊相连，浑然一体，十分雄伟壮观。

图3-3-3-2 龙潭风雨桥，位于广西柳州龙潭公园，系仿古钢筋混凝土廊桥式建筑，以三江程阳风雨桥为基本设计、建造而成。整座桥亭飞檐，极具特色。

图3-3-3-3 广西柳州三江风雨桥上有7个桥亭，其长度和规模均为世界之最，堪称世界第一风雨桥。

图3-3-3-4 龙津风雨桥，位于湖南省芷江县，7座凉亭雄踞桥面长廊之上，深蓝色的琉璃瓦配以白色的檐口，势态如飞，极为壮观。

图3-3-3-5 晃州风雨桥，位于湖南怀化市新晃侗族自治县，桥长220米，宽12米。5座鼓楼错落有致，7-15层不等，以居中一座23.8米为最高，小青瓦盖面，青砖走角，并配以488只画眉翘角。

图3-3-3-6 位于贵州镇远古镇舞阳河祝圣桥上，三层重檐攒尖顶八角亭。

3-3-3-7	3-3-3-8	3-3-3-9	3-3-3-10	3-3-3-11
3-3-3-12		3-3-3-14		
3-3-3-13				

图3-3-3-7　仁团鼓楼，位于贵州黎平县肇兴镇纪堂侗寨，为重檐攒尖顶宝塔式八角鼓楼，侗语称为"楼告宰"。

图3-3-3-8　醉榕亭，位于贵州榕江县三宝侗寨，六角亭，重檐攒尖顶，檐角泥塑凤凰装饰。

图3-3-3-9　位于贵州黎平县肇兴镇肇兴侗寨，鼓楼群由四角歇山与八角攒尖组合而成。

图3-3-3-10　位于贵州凯里市，亭廊阁的组合，白色的檐口与脊，檐角泥塑凤凰装饰。

图3-3-3-11　位于贵州省的十一层侗族鼓楼

图3-3-3-12　每层檐角翘起，绘凤雕龙。宝顶为宝葫芦形。

图3-3-3-13　位于湖南省怀化市芷江侗族自治县，高9层，底层吊脚楼，底部四角重檐，上部八角密檐，顶部为八角攒尖。

图3-3-3-14　位于贵州省从江县小黄侗寨，亭上装饰具有浓郁的侗族风格。

四、蒙古族亭(构筑)

　　蒙古族亭无论在材料、结构、布局、空间还是环境的选择和处理上，都彰显出浓厚的民族特色，表现出丰富而深刻的蒙古族传统思想观念——天圆地方、阴阳五行等。其空间形制以圆形为主，都是由圆隆型的顶部、射线状的上部、菱形与浅S形相结合的圆圈状周壁等几何图形组成，外部给人以有隆有直、有圆有弧、纯白清爽的直观印象。蒙古族亭子的传统装饰图案表现形式丰富，造型多样，主要包括植物纹样、动物纹样与几何物纹样。例如，将"马"的图案以马赛克图案拼接而成，作为主要的外部装饰元素，再以传统的蒙古包为顶部，作为亭子的主要设计理念，从而实现了蒙古族传统的装饰图案元素与现代元素的完美融合。

	3-3-4-1		
	3-3-4-2	3-3-4-3	
3-3-4-4	3-3-4-5	3-3-4-6	3-3-4-7

图3-3-4-1 成吉思汗陵，位于内蒙古鄂尔多斯伊金霍洛。东西两殿为不等边八角形，单檐蒙古包式穹庐顶，极显蒙古民族独特的艺术风格。

图3-3-4-2 成吉思汗陵，位于内蒙古鄂尔多斯伊金霍洛。中间正殿高达26米，平面呈八角形，重檐蒙古包式穹庐顶上，覆黄色琉璃瓦。

图3-3-4-3 位于内蒙古呼伦湖金海岸旅游景区，圆型亭，装饰铁艺挂落。

图3-3-4-4 位于内蒙古呼伦湖金海岸旅游景区，圆型亭，蒙古包式穹庐顶。

图3-3-4-5 哈密王府的亭子，带有蒙古族风格。

图3-3-4-6 鄂尔多斯观景亭：亭子顶部处理得较为隆重，金碧辉煌的圆形顶与简洁的柱子形成鲜明的对比。

图3-3-4-7 位于山东济南市国际园博园，蒙古礼帽式圆形亭，四周有一圈宽边檐，有蓝色、红色装饰图案。

图3-3-4-8　位于新疆精河县精河敖包，蒙古包式穹庐顶。圆顶上部有用蓝色琉璃瓦砌成的云头花。

图3-3-4-9　草原上的蒙古亭

图3-3-4-10　位于内蒙古鄂尔多斯伊金霍洛蒙古源流影视主题公园，单檐八角亭，蒙古包式穹庐顶。

图3-3-4-11　位于内蒙古鄂尔多斯伊金霍洛蒙古源流影视主题公园，圆顶上部为颜色暗红的丰富铜饰，十分壮观。

图3-3-4-12　位于新疆博斯腾湖天格尔岛，单檐八角亭，蒙古包式穹庐顶。亭檐为蓝白图案装饰。

图3-3-4-13　位于北京园博园呼和浩特园，蒙古包穹顶式亭子。

图3-3-4-14　位于内蒙古呼伦湖金海岸旅游景区，单檐圆形亭，蒙古包式穹庐顶。檐角较平，圆顶上部有蓝色的云头花。

五、纳西族亭(构筑)

纳西族亭吸纳了汉族的青瓦白墙、白族的门窗雕刻、藏族的木柱画栋等优点，融多民族文化元素于一体，形成美观、独特、实用且独具特色的民族风格。其亭子以木构为骨架，以土、石、砖、木混合构造体系为主，前后出檐，"人"字形面坡交接处装饰"垂鱼"，多为双坡面。上端深长的"出檐"，具有一定曲度的"面坡"，避免了沉重呆板，展示出柔和优美的曲线。檐下用多层花板、花罩装饰。彩画一般较为简朴，多以蓝、绿为主色调，也有不少以黑、白、灰三色构成的素画。

3-3-5-1	3-3-5-2

| 3-3-5-3 | 3-3-5-4 |
| | 3-3-5-5 |

图3-3-5-1　得月楼，位于云南丽江古城黑龙潭公园，三重檐攒
　　　　　尖顶楼阁式建筑。

图3-3-5-2　得月楼，位于云南丽江古城黑龙潭公园，二、三层
　　　　　施作如意斗拱，一层四角有擎檐柱支撑角梁，翘角
　　　　　翼然。彩绘缤纷，镂雕传神。

图3-3-5-3　位于云南丽江古城黑龙潭公园，单檐筒瓦攒尖顶六
　　　　　角湖心亭。

图3-3-5-4　纳西古乐宫，位于云南丽江古城黑龙潭公园，为单
　　　　　檐歇山顶建筑。

图3-3-5-5　位于云南昆明市翠湖公园，单檐攒尖顶六角湖心
　　　　　亭，亭顶有绿色琉璃瓦装饰。

图3-3-5-6 位于云南丽江古城，单檐攒尖顶休息亭。

图3-3-5-7 束河古镇的纳西风格门亭

图3-3-5-8 位于云南丽江古城，重檐筒瓦攒尖顶楼阁式建筑。

图3-3-5-9 位于云南丽江市观音峡景区，单檐三段式，多层米字斗拱挑檐。

图3-3-5-10 万卷楼，位于云南丽江古城木府，多重檐十字脊顶楼阁式建筑。前后出檐，整体庄重、沉稳。

图3-3-5-11 位于云南丽江古城，重檐筒瓦攒尖顶楼阁式建筑。八角，黄色琉璃装饰，彩绘以蓝为主色调。

3-3-5-12	3-3-5-13	3-3-5-14	3-3-5-15
3-3-5-16		3-3-5-18	
3-3-5-17			

图3-3-5-12 位于云南丽江市束河古镇，三重檐歇山顶楼阁式建
　　　　　筑。梁枋以蓝、绿为主色调彩画装饰。

图3-3-5-13 位于云南丽江市观音峡景区，多重檐卷棚顶楼阁式
　　　　　建筑。

图3-3-5-14 霞客亭，位于云南省丽江市观音峡景区。重檐六角
　　　　　亭，装饰着纳西族风格彩绘，以绿为主色调。

图3-3-5-15 位于云南昆明市建水文庙，重檐攒尖顶四角亭。

图3-3-5-16 位于云南昆明市建水文庙，单檐十字脊顶四角亭。
　　　　　雕龙画栋，覆黄色琉璃瓦，脊端有吉祥物形饰。

图3-3-5-17 位于云南昆明市建水文庙，单檐攒尖顶八角亭，覆
　　　　　黄色琉璃瓦。

图3-3-5-18 望峰亭，位于云南丽江市束河古镇，重檐攒尖顶六
　　　　　角亭。

六、羌族亭(构筑)

羌族亭平面是"凸"形分布，歇山顶、穿斗抬梁式结构，垂花莲突出且样式多种多样，七架九脊檩，素筒瓦屋面，灰塑脊，顶施藻井，并彩绘。羌族亭具有古朴典雅的民族特色和地方艺术风格，吸取了中国传统建筑及羌、藏、汉民居建筑结构中简洁、朴实、庄重等特点。

3-3-6-1	3-3-6-2	3-3-6-3	3-3-6-4
	3-3-6-5		3-3-6-6
			3-3-6-7

图3-3-6-1 水磨亭，位于四川汶川县水磨古镇，重檐攒尖顶四角
亭，梁枋、垂花莲彩绘缤纷，镂雕精巧。

图3-3-6-2 万年台，位于四川汶川县水磨古镇，单檐歇山顶四角
亭，脊端有凤凰等吉祥物形饰。

图3-3-6-3 位于四川省岷江羌寨，单檐歇山顶四角亭，全木结构，
木头素色。

图3-3-6-4 南桥，位于四川都江堰风景区，桥头阔面三间，牌楼式
三重檐桥门厅型，屋面为筒瓦屋面。

图3-3-6-5 位于四川都江堰风景区，单檐，三段式，脊端有凤凰等
吉祥物形饰。

图3-3-6-6 古松桥，位于四川阿坝州松潘古城，单檐，三段式，脊
端镂空，有吉祥物形饰。

图3-3-6-7 映月桥，位于四川阿坝州松潘古城，飞檐层叠，古朴典
雅，翘脚凌空，雄伟壮观。

七、藏族亭

　　藏族亭多为多层，结构上一般采用木构架，外面再围以泥土或石头砌筑的厚重墙壁。最常使用和备受尊崇的颜色主要有白、蓝、红、黄、绿。亭檐多为飞檐，檐下的红、黄、绿、蓝原色艳丽彩画，极具藏民族情调。亭柱上部悬挂的"香布"是用长条形纺织品打成褶，是藏式建筑的特殊装饰之一。亭上的各种鎏金饰物，如宝塔、倒钟、宝轮、金盘、金鹿、覆莲、金幢经幡、套兽等，在阳光下光彩夺目，独具特色。

3-3-7-1	3-3-7-2	
3-3-7-3	3-3-7-4	3-3-7-7
	3-3-7-5 3-3-7-6	3-3-7-8

图3-3-7-1 位于西藏拉萨罗布林卡，平面四边形，单檐歇山顶二层
楼阁式建筑，顶部全部鎏金装饰，极具藏民族情调。

图3-3-7-2 位于西藏拉萨罗布林卡，平面四边形，单檐攒尖顶二层
楼阁式建筑。飞檐，檐脊有鎏金装饰。

图3-3-7-3 位于北京颐和园转轮藏景区，绿色琉璃瓦顶，八面阁形
攒尖顶，檐脊有六吻兽仙人。

图3-3-7-4 位于甘肃兰州市五泉山，单檐筒瓦攒尖顶六角转经亭。
中间有轴，地下设机关转动木塔可以代替诵经。

图3-3-7-5 位于四川省日隆镇长坪村，色彩以藏红色和淡黄色为主
调，中有转经筒。

图3-3-7-6 位于辽宁阜新蒙古自治县佛寺镇佛寺村瑞应寺，单檐筒
瓦攒尖顶八角转经亭。

图3-3-7-7 位于四川日隆镇长坪村，以石垒砌，以精美、艳丽的图
案装饰，轮廓清晰，色彩明快，图案丰富，线条流畅。

图3-3-7-8 日月亭，位于青海日月山，单檐筒瓦攒尖顶八角转经亭。
檐脊有绿色琉璃瓦装饰，黄色琉璃瓦顶，多层如意斗拱。

八、苗族、土家族亭

穿斗式结构，飞檐起翘，檐下如玉斗拱，亭柱雕龙刻凤。色彩上多以黑白灰为主，保持了本色或以棕色漆覆盖的木构架，木雕装饰极其丰富，具有独特的民族风韵。

3-3-8-1	3-3-8-2	3-3-8-3
3-3-8-4		3-3-8-5
		3-3-8-6

图3-3-8-1 位于湖南张家界田家老院子，木结构，多层重檐攒尖顶楼阁式建筑，脊端有动物形饰。

图3-3-8-2 贵州阿浓苗寨的重檐四角门亭，正面。

图3-3-8-3 贵州阿浓苗寨的重檐四角门亭，另一个立面。

图3-3-8-4 位于重庆市酉阳土家族苗族自治县大酉洞桃花源，木结构，单檐歇山顶四角桥亭。

图3-3-8-5 位于湖南省永顺县芙蓉镇，木结构，多层重檐歇山顶楼阁式建筑。

图3-3-8-6 位于重庆市酉阳土家族苗族自治县大酉洞桃花源，木结构，重檐攒尖顶六角亭。

3-3-8-7		3-3-8-9	
3-3-8-8			
3-3-8-10	3-3-8-11	3-3-8-12	3-3-8-13

图3-3-8-7 位于湖南省永顺县芙蓉镇，木结构，多层重檐歇山顶门楼。

图3-3-8-8 位于云南保山市腾冲和顺，洗衣亭飞角翘脊，四围透风，立于水边。亭下用石条砌成井状，旁边有供人小憩的条凳。

图3-3-8-9 位于贵州雷山县西江千户苗寨，重檐歇山顶四角亭。

图3-3-8-10 位于贵州雷山县西江千户苗寨，重檐歇山顶四角桥亭，脊端有动物形饰。

图3-3-8-11 位于贵州雷山县西江千户苗寨，重檐蝴蝶瓦攒尖顶六角亭。

图3-3-8-12 位于贵州雷山县西江千户苗寨的桥亭。

图3-3-8-13 单檐歇山顶四角亭。

九、其他少数民族风情亭

	3-3-9-1		
3-3-9-2	3-3-9-3		3-3-9-4
	3-3-9-5	3-3-9-6	3-3-9-7

图3-3-9-1 组合亭,以蓝色琉璃瓦装饰,临水。

图3-3-9-2 四角长亭,歇山顶,以黄、绿为主色调施以彩绘,精美多彩。

图3-3-9-3 北京中华民族园中的撒拉族特色亭,攒尖顶四角亭。

图3-3-9-4 木结构亭,建于水上。

图3-3-9-5 哈尼族特色蘑菇亭,茅草顶,双层楼阁式。

图3-3-9-6 攒尖顶四角亭,脊端有彩绘和龙形饰。

图3-3-9-7 歇山顶四角亭,内置挂钟。

3-3-9-8		3-3-9-9	
3-3-9-10	3-3-9-11	3-3-9-12	3-3-9-13

图3-3-9-8　组合廊亭，歇山顶，彩绘以黄、绿为主色调，
　　　　　脊端有龙形饰。

图3-3-9-9　攒尖顶四角亭，覆黄色琉璃瓦，梁枋彩绘精巧，
　　　　　彩画有藏式风情。

图3-3-9-10　哈尼族特色蘑菇亭，四角，茅草顶。

图3-3-9-11　三重檐攒尖顶四角亭，亭檐翻折，独具特色。

图3-3-9-12　奇特的亭顶给亭子增添了一份色彩。

图3-3-9-13　云南和顺古镇具有少数民族风情的半亭

千亭集

COLLECTION OF PAVILIONS

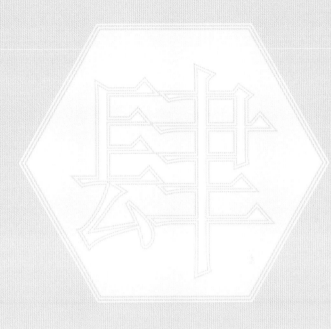

第四章 东南亚亭

Chapter 4
Southeast Asian Pavilions

180 > 209

东南亚处于亚洲的东南部，包括11个国家：越南、老挝、柬埔寨、缅甸、泰国、马来西亚、新加坡、印度尼西亚、菲律宾、文莱和东帝汶。

由于东南亚的建筑受宗教、气候影响较大，故呈现出独特的异域风情。根据气候、宗教、文化等因素对建筑的影响，我们将东南亚亭大致分为泰式风情亭、南洋风情亭、其他风情亭三种类型。

第一节　泰式风情亭

1、泰式建筑解析

由于泰国信奉佛教，加之地处东南亚，属于热带气候，降雨量大，所以它的建筑受宗教信仰和气候的影响较大，建筑常带有佛教色彩。其佛教建筑在汲取中国、印度以及缅甸等国的建筑艺术和特色的基础上，建立起独具自己文化特色的建筑风格。

泰式建筑形式可分为传统式、现代式、传统与现代相结合及仿传统等几种形式。不管哪种形式都离不开泰国的宗教色彩和民族特色。

2、泰式风情亭的构成与表达

泰式风情亭一般由以下元素构成：高耸的塔尖，带金色或橘红色琉璃瓦的多层屋顶，绿色瓷砖屋脊，屋檐檐角处高高翘起的"羊角"或者"鹰嘴"，金碧辉煌的墙面装饰，木雕、金箔、瓷器、彩色玻璃、珍珠镶嵌的装饰品等。

泰式风情亭的屋顶是其构成元素中最为突出的，屋顶一般为多层式，形式各样，有重檐多面式、分段遁落式多层屋顶等形式，屋顶颜色丰富、装饰性强，做工精细。

3、泰式风情亭的功能

亭，停也，道路所舍，人停集也——这是中国对亭的定义，而泰式风情亭往往不只有停留休憩的功能。

由于受宗教文化的影响，泰式亭一般还具有部分宗教场所功能，例如朝拜、存放佛教圣物等；另外，由于泰式风情亭常被应用于度假村、度假酒店以及一些公园之中，故还具有休息、纳凉，甚至装饰等功能。

	4-1-2	
		4-1-3
4-1-1		4-1-4

图4-1-1 泰国古城文化苑湖心廊亭：亭子为木材建造，亭内放置有佛像、纪念碑，入亭参观必须脱鞋。

图4-1-2 泰国挽巴茵行宫水上皇亭：是典型的泰民族的建筑物。它建在人工湖中央，为典型"三尖顶"式泰式建筑，亭尖如同一顶金色王冠，由数十根金色柱子撑起，矗立在涟漪的碧波之上，是挽巴茵行宫的标志。

图4-1-3 泰国普拉湾丽思卡尔顿精品度假村休憩亭

图4-1-4 福建正荣莆田御品世家小区内的凉亭

4-1-5	4-1-6	4-1-7	4-1-8

4-1-9	4-1-10

图4-1-5　金地湖山大境小区内泰式风格的凉亭

图4-1-6　泰国大皇宫内装饰华美的凉亭

图4-1-7　景观亭：金色和绿色瓦结合的屋顶、高耸的塔
　　　　尖，檐角处高高翘起的"羊角"彰显出泰式建筑
　　　　的明显特征。

图4-1-8　泰国普吉岛私人游艇别墅休息亭

图4-1-9　四面佛亭：亭子装饰极其精致细腻，亭内四面佛
　　　　朝向东南西北，供信众祈福。

图4-1-10　泰国曼谷玉佛寺内阵列的亭子

4-1-11	4-1-12	4-1-13	4-1-14
4-1-15		4-1-17	
4-1-16			

图4-1-11 世博会泰国馆前观赏亭：用金箔装饰朱红色亭子，为亭增添一份尊贵大气。

图4-1-12 泰国三鼎凉亭

图4-1-13 明艳的色彩、精美的雕刻图案展示出浓郁的泰式风情。

图4-1-14 水边观赏亭：亭子采用黄、绿结合的色彩搭配，旁边配置一簇红色三角梅，丰富了整个环境的色彩。

图4-1-15 泰式景观亭：围栏、屋顶的装饰较为浓厚，整个景观亭为暖色调，与环境较为融洽。

图4-1-16 景观亭：建筑处理较为细腻，色彩搭配协调，亭子在绿色背景下显得十分耀眼。

图4-1-17 勐泐大佛寺观景亭

第二节 南洋风情亭

1、南洋风情亭功能的转变

受海洋度假文化影响，南洋风情亭常见于印度尼西亚、菲律宾、马来西亚、文莱、新加坡等国家。最初，南洋风情亭主要是建在庙宇周边，用以辅助宗教仪式。后来，具有较高社会地位的人士被允许在自家建筑亭子，因此在一些村落中，亭子还承担着会议亭的功能，为村民提供商议大事的室外场所。随着社会的发展，亭子的功能和形式都发生了较大的变化，南洋风情亭已被广泛运用到其他场所，诸如度假区、度假酒店、庭院、公园等。其功能更加丰富了，有休闲spa、海边休息纳凉、露天的酒吧或餐厅、舞厅、举办婚礼甚至睡觉等功能。

2、南洋风情亭的特点

南洋风情亭具有显著热带气候特征，与泰式风情亭相比，其风格更显自然、朴素、洒脱，更加强调其功能性。

（1）材料源于自然

南洋风情亭的取材偏向自然材料，主要是表达一种亲近自然的情怀。亭顶常用小块层叠的鱼鳞砖瓦，或是取自环境的竹、木、茅草。屋顶下的方形木平台或立柱一般采用取自当地的木材，避免使用一些现代或不符合当地文化气息的材料。

（2）结构简单

南洋风情亭是全开敞的，主要由一个屋顶、几根立柱或一方木平台组成，装饰性元素较少，并没有像泰式风情亭那样雕梁画栋，而是强调一种简洁、简约美，如用茅草屋顶遮盖着一个方形木平台的巴厘亭。

（3）功能性强

由于受热带、亚热带的地理环境和气候因素影响，南洋风情亭或架高、或伸入水中、或靠近水面，十分注重休息纳凉的功能。其功能形式虽然多样化，但都是较实用、贴近人们生活的。

（4）注重与环境的融合

南洋风情亭旁边常配植几株高大的棕榈树或几丛热带低矮的灌木，或置于茂密的树林中，或置于空旷的草坪上，或近水，或伸入水池中，旨在使亭子与周边环境相融合，也进一步体现了其亲近自然的景观特征。

4-2-2	4-2-3

	4-2-4	
4-2-1		4-2-5

图4-2-1 巴厘岛Khayangan Estate别墅休息亭样式一

图4-2-2 泰国清迈Howie庄园酒店休息亭

图4-2-3 巴厘岛Khayangan Estate别墅休息亭样式二

图4-2-4 巴厘岛Khayangan Estate别墅休息亭样式三：亭子与植物、水景融为一体，水中亭子与植物的倒影摇曳生辉。

图4-2-5 三亚文华东方酒店用餐亭：用餐亭伸入水面，便于客人一边用餐一边观赏碧水微澜的景色。

4-2-6	4-2-7	4-2-9
4-2-8		4-2-10
4-2-11	4-2-12	4-2-13

图4-2-6　巴厘岛玛雅乌布度假村景观亭

图4-2-7　巴厘岛瑞吉旅游度假村SPA亭

图4-2-8　巴厘岛瑞吉旅游度假村纳凉亭

图4-2-9　巴厘岛瑞吉旅游度假村休闲亭

图4-2-10　水边的四角亭，在灯光下显得特别静谧。

图4-2-11　泰国清迈Howie庄园酒店休息亭样式一

图4-2-12　泰国清迈Howie庄园酒店休息亭样式二

图4-2-13　泰国清迈Howie庄园酒店泳池旁交流亭

4-2-14	4-2-15	4-2-16	4-2-17
4-2-18		4-2-19	
		4-2-20	

图4-2-14 巴厘岛阿雅娜度假村纳凉亭

图4-2-15 巴厘岛帝王谷五星级总督度假村SPA亭

图4-2-16 巴厘岛港丽酒店休息亭

图4-2-17 巴厘岛特博克乡村度假村海边休憩亭：木平台
　　　　嵌入石柱中和椰树穿过亭子屋顶是该亭的两大
　　　　特色。

图4-2-18 巴厘岛阿雅娜度假村交流亭

图4-2-19 巴厘岛总督酒店休息亭：该亭地理位置十分优
　　　　越，以风景优美的山体为背景，架于高空之中，
　　　　十分刺激。

图4-2-20 巴厘岛努沙杜瓦区的阿雅娜酒店纳凉亭

4-2-21	4-2-22	4-2-23	4-2-24
4-2-25		4-2-27	
4-2-26			

图4-2-21 菲律宾Dedon度假村海中休息亭

图4-2-22 婚礼亭：采用白色钢结构与玻璃结合，辅以象征纯洁的白纱。

图4-2-23 普吉岛蓝珍珠酒店景观亭

图4-2-24 桑德林度假村观景亭

图4-2-25 中航·云玺大宅休息亭

图4-2-26 马尔代夫卡尼岛度假村休息亭

图4-2-27 马尔代夫四季库达岛海边用餐亭

4-2-28		4-2-30		
4-2-29				
4-2-31	4-2-32	4-2-33	4-2-34

图4-2-28 海南分界洲岛观景亭

图4-2-29 越南度假村冷饮亭：亭子靠近沙滩，可为在海边游玩的游客提供便捷的服务。

图4-2-30 林下纳凉亭：山林下的景观亭为爬完山的游客提供了一个休息等候的空间。

图4-2-31 巴厘岛海边眺望亭：在亭里休息，吹着海风、眺望大海，一天的疲劳顿时消散。

图4-2-32 海边观景亭：通过栈道将亭子延伸至海水中，伫立亭中，赏这漫无边际的海景。

图4-2-33 度假村休息亭：亭子的多层式屋顶用金箔进行装饰，外观气势非凡，建筑艺术别具一格。

图4-2-34 度假别墅悬空亭：草亭依山傍水，风景美不胜收，悬空的亭子增加了一丝刺激感。

图4-2-35 景观亭：亭子坐落在道路中，具有引导人流的功能，四周布置的花钵，为景亭增添了一丝仪式感。

图4-2-36 东南亚小区纳凉亭：简单的茅草屋顶、凹凸有致的整石柱子组成了一个特色的纳凉亭。

图4-2-37 集散亭：木格栅与弧线形的屋顶和铺装上的细水流相得益彰。

图4-2-38 纳凉亭：在没有树木遮阴的海边，亭子非常实用，不仅可以遮阳纳凉，还能与好友席地而坐，享受海风吹来的丝丝凉意。

图4-2-39 戏水亭：亭子架在小水池上，游客在休息之余还能戏水，加上亭后面的小喷泉，整个场地生动活泼。

图4-2-40 水岸休闲亭：通过台阶与水体联系起来，让亭子更加亲近自然。

图4-2-41 私家别墅休息亭：亭的两边用错落有致的植物围合，另一边是空旷的草坪，私密与开敞相结合。

图4-2-42 度假别墅纳凉亭：亭下的鹅卵石铺装有按摩的功效。

图4-2-43 叠层方亭：该亭是半开敞式的，用石材堆砌对亭子进行了围合，加之周边植物的环绕，使空间更加具有私密性。

图4-2-44 观景亭：亭子所处的场地进行了抬高，通过台阶与栏杆结合的方式将人流引入亭内。

图4-2-45 度假村休息纳凉亭：将亭下的空间伸至水池底下，给坐在亭子里的游客来一次降温。

图4-2-46 赏景亭：倚靠亭内，赏园中椰林，或观水中游鱼。

图4-2-47 休息纳凉亭：屋顶带有中国古典亭的气息，亭的三面用矮护栏进行围合，确保安全性。

	4-2-49
4-2-48	4-2-50

| 4-2-51 | 4-2-52 | 4-2-53 | 4-2-54 |

图4-2-48 东南亚小区景观亭：景亭的柱子融合于周边环境中，屋顶十分突出，运用框景将后方景物纳入视线之中。

图4-2-49 丛林中的纳凉亭：茂密的树林、清澈的水池都能在炎热的天气提供一丝凉爽，用蚊帐对亭子进行围合，可以避免丛林中蚊虫的打扰。

图4-2-50 巴厘岛百沙基海滩酒店泳池酒吧亭

图4-2-51 别墅休憩亭：亭子与建筑形成对景，两者之间通过一棵鸡蛋花树进行过渡，亭子景观特征简洁明了。

图4-2-52 观光亭：亭子坐落于草坪之上，其入口并非与草坪直接相连，而是借用木平台作为过渡元素，使亭子与周围环境更加融合。

图4-2-53 海边观景亭：亭子架空立于沙滩之上，通过木栈道与道路相连，躺在亭内观潮起潮落。

图4-2-54 巴厘岛百沙基海滩酒店交流亭

4-2-55	4-2-56	4-2-57	4-2-58
4-2-59		4-2-60	
		4-2-61	

图4-2-55 巴厘岛海边观景亭：亭子结构简单，立在广阔的草坪之上。倚靠在躺椅上，可以欣赏广阔的大海，看海风卷起的浪花，任时光流去。

图4-2-56 林中景观亭：景亭屋顶采用的六边形材料极具特色，亭内设置的活泼雕塑让安静的氛围一下子变得活泼起来。

图4-2-57 泳池纳凉亭：亭子屋顶坡度较大，利于排水；亭子位置较为隐蔽，环境较为安静。

图4-2-58 巴厘岛总督酒店谷顶用餐亭

图4-2-59 巴厘岛宝格丽度假酒店酒吧亭

图4-2-60 休憩亭：组团中的景观亭可以促进邻里交流。

图4-2-61 景观亭：亭的材料为木材，镂空状的柱子使得亭子通透、轻盈。

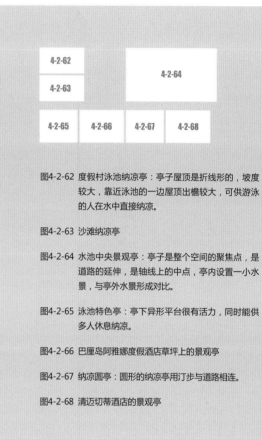

图4-2-62 度假村泳池纳凉亭：亭子屋顶是折线形的，坡度较大，靠近泳池的一边屋顶出檐较大，可供游泳的人在水中直接纳凉。

图4-2-63 沙滩纳凉亭

图4-2-64 水池中央景观亭：亭子是整个空间的聚焦点，是道路的延伸，是轴线上的中点，亭内设置一小水景，与亭外水景形成对比。

图4-2-65 泳池特色亭：亭下异形平台很有活力，同时能供多人休息纳凉。

图4-2-66 巴厘岛阿雅娜度假酒店草坪上的景观亭

图4-2-67 纳凉圆亭：圆形的纳凉亭用汀步与道路相连。

图4-2-68 清迈切蒂酒店的景观亭

第三节　其他风情亭

　　东南亚亭少部分样式受到中国文化影响，常见于越南，如越南顺化皇城就是模仿北京故宫，并结合越南本土的文化元素而建成的。相较于中式传统亭，越南亭最突出的特点是夸张繁复的檐角装饰。根据功能的不同，可将其划分为钟亭、鼓亭、碑亭、休憩亭等。

4-3-1	4-3-2	4-3-3
4-3-4		4-3-5
		4-3-6

图4-3-1 越南岘港巴拿山观景亭

图4-3-2 越南河内文庙观景亭

图4-3-3 越南古芝碑亭

图4-3-4 越南顺化古城休息亭

图4-3-5 越南河内文庙鼓亭

图4-3-6 越南河内文庙奎文阁

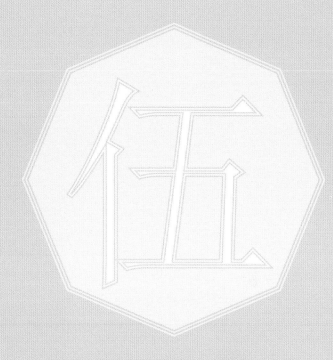

第五章 日式亭

Chapter 5
Japanese-Style Pavilions

历史上，日本与中国文化交流频繁，受中国传统文化影响较深，但日本建筑也渐渐发展出了属于自己的独特风格。

日式亭是对中式传统亭子形式的派生和拓展，其大部分参照了中国古代唐式亭，少部分参照了明清时期福州一带的景观亭（常见于冲绳、琉球群岛地区）。

日式亭与中国传统亭有着众多相似之处，日式亭的造型结构与立体轮廓、线脚都与唐代构筑相仿，如均采用梁柱式结构体系和榫卯连接方式、均使用大屋顶等；同时它也有自己的特色，如追求建筑与所处环境的融合、追求朴素优雅的装饰效果、追求材料的自然之美等。

日本的亭子多为茅草亭、竹亭，在设计风格和材料上更加偏重自然气息。与中国传统亭相比，日本景观亭并不十分推崇把等级制式的屋顶用在其建造中，它更加重造型、轻色彩，其色调以白灰为主，亭的形态更为随意、轻松。常见的屋顶样式有：寄栋（庑殿顶）、切妻（悬山）、入母屋（歇山）、二层入母屋造（重檐歇山顶）等。

按照功能用途，日式亭大致可分为门亭、钟亭、手水舍（又名洗礼亭、洗手亭）、休憩亭、茶亭等类型。

第一节　门亭

门亭庄重、大气，以显示当地文化，常建在寺庙、花园入口，充当山门。设于城内或城厢的称"都亭"，设于城门的称"门亭"。门亭放在寺庙前或景区前，具有通道功能，是景观门面的展示，又有着守护的寓意，例如浅草寺的正门——雷门、日本和平公园的金刚力士门等。

5-1-1	5-1-3
5-1-2	
5-1-4	5-1-5

图5-1-1 日本和平公园金刚力士门

图5-1-2 大猷院仁王门（正门），体现出中国唐朝流传至日本的建筑艺术风格，富丽堂皇而大气巍峨。

图5-1-3 京都虹夕诺雅温泉酒店中的门亭

图5-1-4 二条城门亭，细节处尽显繁华富丽的盛唐文化气息。

图5-1-5 八幡神社的木结构门亭

5-1-6	5-1-7	5-1-8	5-1-9
5-1-10			5-1-11
			5-1-12

图5-1-6 寺庙门亭

图5-1-7 端庄大气的木结构寺庙门亭

图5-1-8 小巧别致的木制山门

图5-1-9 简约朴素的门亭

图5-1-10 一主门两侧门的门亭样式

图5-1-11 木制的门庭上装饰有深灰色直线条纹，与
　　　　 围栏相互呼应，细节精致。

图5-1-12 木结构门亭，与色叶植物搭配野趣横生。

| 5-1-13 | 5-1-14 | 5-1-15 |
| 5-1-16 | 5-1-17 / 5-1-18 | 5-1-19 |

图5-1-13 门亭同时兼具休憩、管理功能。

图5-1-14 日式门亭常常结合帷幔、灯笼等软装装饰。

图5-1-15 木质门亭细节,从材质到雕刻图样,自然元素十分明显。

图5-1-16 琉球首里城内廓城门——瑞泉门

图5-1-17 琉球王国村门口的欢迎石狮。琉球地区亭子样式受明清时期福建园林影响,色彩、屋顶样式都与其他地区亭子有所区别,中式景观的石狮成为琉球地区的常见小品。

图5-1-18 玉泉洞王国村门亭

图5-1-19 桂离宫门亭

第二节 钟亭

亭子内摆设大型的钟，抬高的底座给人一种宁静庄重之感。人们喜欢撞钟祈福，例如撞钟三次表示礼佛消灾、祈求世界和平。日本和平公园的钟亭，是木结构四角亭，中间悬挂着"和平之钟"。敲响世界和平之钟，静听庄严肃穆的钟声在大自然中回旋飘荡。

5-2-1		5-2-3
5-2-2		
5-2-4	5-2-5	5-2-6

图5-2-1 日本和平公园和平钟亭

图5-2-2 木结构钟亭

图5-2-3 箱根平和公园钟亭

图5-2-4 上野公园钟亭

图5-2-5 东大寺钟亭

图5-2-6 顶子很精美的木结构钟亭

第三节 手水舍

在寺庙或神社入口附近，洗手用的水池子叫御手洗，这是神社寺庙里供参拜者洗手漱口的地方，也叫手水。在手水周围建的台子、亭子等建筑叫做手水舍，也叫洗礼亭、洗手亭。烧香拜佛之前洗手，寓意洗去身上的罪孽污垢。

5-3-1	5-3-3
5-3-2	

5-3-4	5-3-5	5-3-6

图5-3-1 东照宫御水房（洗礼亭）

图5-3-2 神社寺庙前的洗礼亭是供参拜者洗手漱口的地方。

图5-3-3 寺庙中的洗礼亭，有清洁、祈福之意。

图5-3-4 造型简单的洗手亭

图5-3-5 十二柱洗手亭

图5-3-6 日本箱根神社内的洗手亭，覆盖一层薄薄白雪。

5-3-7		5-3-9	
5-3-8			
5-3-10	5-3-11	5-3-12	5-3-13

图5-3-7 日本某寺庙内的洗手亭

图5-3-8 洗手亭

图5-3-9 简单、仪式感较差的洗手亭

图5-3-10 日本平安神宫内的洗手亭

图5-3-11 京都晴明神社内的洗手亭

图5-3-12 根津神社内的洗手亭

图5-3-13 亭顶花样精美的洗手亭

第四节　休憩亭

　　休憩亭指供人休闲、休息用的亭子，多设在景区、公园、亲水区等环境优美的地方，亭内设有座椅。例如茅草顶休憩亭，原木色的色调结合水车，打造出淳朴唯美的自然田园之美；山间休憩亭，造型简洁轻盈，结合丰富的植物层次打造飘逸的视觉感受；庭院休憩亭，利用一侧屏风格挡屏蔽较差的景观，面向主景观面，半封闭的格局既保证了隐私，又不影响观景，具有山间雅室的情调。

5-4-1	5-4-3
5-4-2	

| 5-4-4 | 5-4-5 | 5-4-6 |

图5-4-1 茅草顶休憩亭

图5-4-2 四角休憩亭，造型古朴厚重。

图5-4-3 林下休憩亭：半封闭的格局既保证了隐私，
　　　　又不影响观景，具有山间雅室的情调。

图5-4-4 仁和寺轿亭

图5-4-5 寺庙内的休憩亭

图5-4-6 海上观景亭

5-4-7	5-4-8	5-4-9
5-4-10		5-4-11
		5-4-12

图5-4-7　茅草顶休憩亭，原木色的色调结合水
　　　　车，打造出淳朴唯美的自然田园之美。

图5-4-8　木结构休憩亭

图5-4-9　山间休憩亭，造型简洁轻盈，结合丰富的植
　　　　物层次打造飘逸的视觉感受。

图5-4-10　湖畔观景休憩亭

图5-4-11　庭院休憩亭，利用一侧屏风格挡屏蔽较差的
　　　　　景观，面向主景观面。

图5-4-12　湖畔观景休憩亭

5-4-13	5-4-14	5-4-15	5-4-16

5-4-17	5-4-19
5-4-18	

图5-4-13 面朝大海的观景休憩亭

图5-4-14 湖畔观景休憩亭

图5-4-15 半围合的休憩亭

图5-4-16 运用铺装进行引导，将人的视线吸引在
　　　　亭子的视觉焦点处。

图5-4-17 大型亭廊结合休憩亭

图5-4-18 荷花塘内的休憩亭，精巧的飞檐、精致
　　　　的门窗具有江南风韵。

图5-4-19 寺庙内的休憩亭

第五节　茶亭

用于品茶的亭子，常建于景色优美的区域。相比日式茶室，茶亭四周开敞，更为通透，空间简洁明了。茶亭往往设有汲水设施，以及必要的茶具。茶亭讲究意境，木结构茶亭具有古朴野趣，与自然环境完美相融。在茶亭品茶，可净化身心，滤去浮躁，沉淀下的是更多深思。

	5-5-1			
	5-5-2	5-5-3	5-5-4	
5-5-5	5-5-6	5-5-7	5-5-8	

图5-5-1 可容纳多人饮茶的茶亭

图5-5-2 竹木结构的两人座茶亭

图5-5-3 木板围合的茶亭。茶亭多讲究半围合以保证
　　　　私密性，同时留出景观面引入自然之景。

图5-5-4 茅草顶茶亭

图5-5-5 与汲水井结合在一起的茶亭

图5-5-6 茶亭建造讲求意境，多建于景色优美的山间
　　　　水畔。

图5-5-7 赏茶亭

图5-5-8 木结构茶亭，古朴野趣。

第六节　其他亭

其他还有神社、碑亭、售卖亭、桥亭、保安亭等功能性亭子，与生活接轨。常见的是供奉神像的亭子，是日本人寄托精神信仰的地方。日本"神社"并不仅仅是祭祀往昔"英灵"的地方，它已与民间百姓的生活息息相关。

| 5-6-1 | 5-6-2 | 5-6-3 | 5-6-4 |

| 5-6-5 | 5-6-6 |
| | 5-6-7 |

图5-6-1 二荒山神社神舆舍

图5-6-2 二荒山神社御神木庙

图5-6-3 桥亭

图5-6-4 碑亭

图5-6-5 寺庙内有特殊功能的亭子往往会封闭围合。

图5-6-6 东照宫神厩舍（马厩）

图5-6-7 桥亭

5-6-8	5-6-9	5-6-10	5-6-11
5-6-12	5-6-14		5-6-15
5-6-13			5-6-16

图5-6-8 碑亭

图5-6-9 可移动保安亭

图5-6-10 具有舞台功能的亭子

图5-6-11 结构简单的木质小亭子

图5-6-12 保护珍稀植物的亭子

图5-6-13 汤谷神社

图5-6-14 和平公园内供奉神像的小亭子

图5-6-15 取水亭

图5-6-16 神社

千亭集
COLLECTION OF
PAVILIONS

第六章 欧式和地中海亭

Chapter 6
European-Style and Mediterranean Pavilion

第一节　欧式亭

亭，是世界造园艺术中不可或缺的一部分。在西方，亭子的概念与中国大同小异，中国称的"亭子"在英文中是"pavilion"，或称"kiosk"、"gazebo"。在西方人看来，亭子就是置于休闲场地或广场上的永久、半永久的建筑物，最初是为了满足户外一些舞会或宴会等功能而建设的服务性设施。到了17世纪后期，凡是场地中独立开敞式的小建筑物，都可称之为"亭"。在意大利语中，建在高处、用来观景的装饰性亭建筑被称为观景楼。

总的来说，欧式亭按建筑造型分类，主要有三大类：藤架式、公共建筑式和神庙式。

1、藤架式

在欧洲的古典园林设计中，园林是建筑与自然环境之间的过渡环节，因此园林兼有建筑和自然双方的特点——越靠近建筑的主体部分，建筑味就相对越浓；越远的地方则建筑味逐渐减淡；到接近庭院的边缘地带，就通过一些形态比较自然的树木或树丛过渡，逐渐跟自然界中的林园野景连成一体。园林中的亭也是如此，越靠近主体建筑物的亭，造型越接近主体建筑风格；远离主体建筑的亭，则建筑味减淡，出现了类似藤架的

构筑形式，其造型相对简约轻巧，多与植物环境相融合。

2、公共建筑式

在西方规则的几何式庭院中，由于园内的建筑是用来举行宴会、展览以及休息、更衣的场所，注重功能性，所以亭很大程度上也具备公共建筑的功能，基本上成为场地上的主体建筑。亭的造型基本上保留了文艺复兴时期的建筑特色，同时追求建筑风格的稳定性，古典柱式成为建筑造型的构图主题，建筑轮廓讲究整齐、统一与条理性，建筑中大量采用古罗马的建筑主题、高低拱券、壁柱、窗子、穹顶、塔楼等，建筑物底层多采用粗琢的石料，刻意留下粗糙的砍凿痕迹，创造出一种新颖而活力十足的公共建筑。

3、神庙式

在西方建筑发展的历史长河中，宗教建筑可以说是各类建筑的核心与灵魂部分。神庙式建筑源于古希腊，文艺复兴时期提倡复兴古希腊、古罗马的建筑风格，使古典的柱式神庙建筑再次得到复兴。这些建筑继承了古希腊特有的柱式与雕刻装饰艺术，呈现出特有的高贵典雅、神秘和谐之美。在西方园林建筑的发展中，端庄的神庙建筑外形也被应用于亭的建设，同时结合神话传说的雕塑等，形成了园林中重要的活动场所或纪念中心。

此外，欧式亭还可以按照风格分为以下三类：欧式古典风格亭、Art Deco风格亭和欧式田园风情亭。

图6-1-1-1 亭顶内部以各种动物雕刻做装饰，十分有趣。

图6-1-1-2 亭子圆顶上造型别致，色彩浓郁，顶部檐边的细节雕刻有不同的人脸图像。

图6-1-1-3 亭子檐口与柱头细节

一、欧式古典风格亭

1、欧式古典风格的定义与发展

欧式古典风格又分为传统风格与简欧风格两大部分。

欧式古典风格强调以华丽的装饰、浓烈的色彩、精美的造型达到雍容华贵的装饰效果，其主要类型有哥特式建筑、巴洛克建筑、法国古典主义建筑、古罗马建筑、古典复兴建筑、罗曼建筑等。

20世纪80年代，西方保守的历史主义成为建筑风格的主流，并在全球范围内广为流传。在我国，这一风格首先流行于香港、广东地区，之后逐步风靡到东部及沿海发达城市，如上海、天津等。西方的历史主义风格与当地的建筑风格相融合，演变为"欧陆风"建筑，很快这股势头强劲的"欧陆风"便吹向了许多内陆城市甚至是乡村。在建筑领域并没有"欧陆风"一词，所谓"欧陆风"其实是一种形容建筑样式和庭园等外部环境采用西方古典式样处理手法的模糊的商业用语，在这里我们将其统称为"简欧风格"。

2、欧式古典风格亭的装饰美学

欧式传统风格继承了文艺复兴中的理性主义，强调用数的和谐和简洁的几何关系去解释宇宙，反映在建筑领域就是强调构图中的主从关系，突出轴线，讲究对称。同时，巴洛克艺术中对深远的透视和虚幻的空间的爱好也被移植到造园艺术中来。当时的亭的式样，往往采用古罗马的庙宇建筑风格，强调华丽、壮观，建筑顶部常有雕塑。

对于亭子而言，简欧风格主要表现在两个方面，其一是中式与西式风格的结合；其二是纯粹的西式亭建筑风格。关于中、西风格的合璧，主要是指在亭的造型上，部分使用中国传统亭的建筑构件，部分使用西方古典建筑构件。

3、欧式古典风格亭的运用

传统风格的欧式亭因其复杂的装饰主义风格在现代

图6-1-1-4 欧式古典亭，造型优美典雅，细部装饰细腻精美。

图6-1-1-5 亭子中心放置具有纪念意义的石墩，地面铺装与柱子位置呼应。

设计中运用较少，而简欧风格的欧式亭在现代庭院中的应用已相当普遍。不过，这些欧式亭也受到了现代建筑的影响，在形式上有了一定的变革，简化了一些建筑构件的细部。亭的形式丰富多变，包括圆顶亭、圆顶铁艺镂空亭、四角亭、多角亭等基本形式，几种不同的形式甚至会出现在同一欧式风情的小区或公园中。亭的布置方式也视情况而定，有的置于台地或草坪之上，有的置于溪边或与廊桥相映成趣，虽然没有中式亭那么多的意境追求，但都是从丰富庭园景观的角度出发，若能与周边环境相得益彰，也是一道靓丽的风景。

| 6-1-1-6 | | 6-1-1-7 |
| | | 6-1-1-8 |

| 6-1-1-9 | 6-1-1-10 | 6-1-1-11 | 6-1-1-12 | 6-1-1-13 |

图6-1-1-6　长沙恒大山水城的欧式亭实景

图6-1-1-7　置于台地之上的神庙亭

图6-1-1-8　美洲哥斯达黎加音乐公园的景亭

图6-1-1-9　长沙恒大山水城的欧式亭模型

图6-1-1-10　美国旧金山艺术宫内的景亭

图6-1-1-11　西班牙马德里埃斯科里亚尔修道院内的中心亭

图6-1-1-12　西班牙马略卡岛Son Marroig花园中的临海亭

图6-1-1-13　美国旧金山艺术宫内的景亭

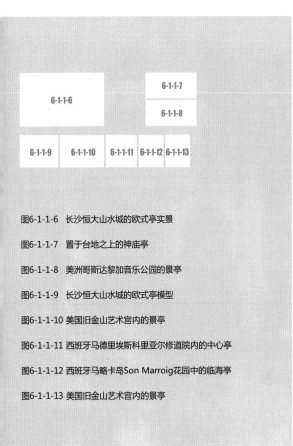

6-1-1-14			6-1-1-17	6-1-1-18
6-1-1-15	6-1-1-16			
6-1-1-19	6-1-1-20	6-1-1-21		

图6-1-1-14　西班牙街头休闲亭

图6-1-1-15　德国慕尼黑英国公园内的轴线中心亭

图6-1-1-16　德国威斯巴登的温泉休闲亭

图6-1-1-17　希腊阿波罗神庙亭

图6-1-1-18　英国剑桥大学内极具装饰元素的景观亭

图6-1-1-19　筑于台地广场中心的纪念亭

图6-1-1-20　埃及广场中央的欧式古典休闲亭

图6-1-1-21　俄罗斯圣彼得堡皇村花园的大理石桥亭

| 6-1-1-22 | 6-1-1-23 | 6-1-1-24 | 6-1-1-25 | 6-1-1-26 |

| 6-1-1-27 | 6-1-1-28 | 6-1-1-29 |
| | | 6-1-1-30 |

图6-1-1-22 德国林德霍夫城堡内的对景亭

图6-1-1-23 古典装饰元素浓郁的景亭

图6-1-1-24 门厅式欧式古典亭

图6-1-1-25 世界大战纪念亭

图6-1-1-26 公园内的古典亭

图6-1-1-27 北京定湖公园内的古典休闲亭

图6-1-1-28 半开敞的布局，为人们提供了一处遮风避雨的场所。

图6-1-1-29 灯光装饰下的广场亭别有一番风味。

图6-1-1-30 花园中的古典观景亭

6-1-1-31		6-1-1-32	6-1-1-33
6-1-1-34	6-1-1-35	6-1-1-36	6-1-1-37	6-1-1-38

图6-1-1-31 美国西弗吉尼亚绿蔷薇度假村内的欧式亭。

图6-1-1-32 广场中央的古典休闲亭

图6-1-1-33 位于通道上的小巧轻盈的凉亭

图6-1-1-34 新加坡总统府内的纪念亭，亭内为英女王维多利亚像。

图6-1-1-35 北京圆明园内的欧式亭

图6-1-1-36 珠江帝景小区内的欧式休闲亭

图6-1-1-37 小区内的休闲凉亭

图6-1-1-38 法国阿维尼翁新城的街头亭

图6-1-1-39 美国马萨诸塞州的草坪休闲亭

图6-1-1-40 日本横滨的欧式风格亭

图6-1-1-41 凡尔赛珀蒂特里亚农花园的亭子

图6-1-1-42 希腊风格的亭子

图6-1-1-43 法国欧莉叶荷城堡的巴洛克式亭

图6-1-1-44 造型简练大方，色彩纯白淡雅，与大海
　　　　　相映成景。

6-1-1-45	6-1-1-46	6-1-1-47	6-1-1-48

6-1-1-49		6-1-1-50	
		6-1-1-51	6-1-1-52

图6-1-1-45 品味高雅，体现出浪漫、庄严的气质。

图6-1-1-46 造型简单优美，展现西方文化底蕴。

图6-1-1-47 几何形立体结构，庄严而大气。

图6-1-1-48 纯粹的西式亭建筑风格

图6-1-1-49 亭子通体为白色，由八根装饰性柱子支撑，尽显雍
　　　　　容华贵。

图6-1-1-50 整体配套自然和谐，置于湖边供人休闲观景。

图6-1-1-51 置于湖边的景观亭。

图6-1-1-52 完美的曲线，精益求精的细节处理，给人以和谐、
　　　　　归家的感觉。

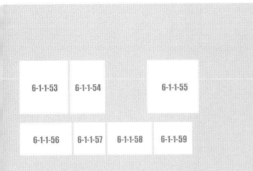

图6-1-1-53　鱼鳞状的金色圆顶，富贵、奢华。

图6-1-1-54　金色圆顶，白色墙体，清新不落俗套。

图6-1-1-55　柱子由六个神女雕塑组成，具象而唯美。

图6-1-1-56　亭子与亲水吧台结合。

图6-1-1-57　六柱欧式亭

图6-1-1-58　涡状装饰性柱头，抽象感、现代感强。

图6-1-1-59　铁艺与墙体的结合让人耳目一新。

6-1-1-60		6-1-1-61		
6-1-1-62	6-1-1-63	6-1-1-64	6-1-1-65	6-1-1-66

图6-1-1-60 铁艺凉亭结合水景雕塑，让人流连忘返。

图6-1-1-61 藤蔓铁艺圆顶，亭脚稳重大气。

图6-1-1-62 形式简单、色彩纯白素雅的休闲景观亭。

图6-1-1-63 四柱欧式亭，铁艺圆顶。

图6-1-1-64 镂空的圆顶带来通透感。

图6-1-1-65 黑白为主色调，顶部由铁艺花纹装饰，整体大气高雅。

图6-1-1-66 骨架由不锈钢组成，喷绿色氟碳漆，造型优美。

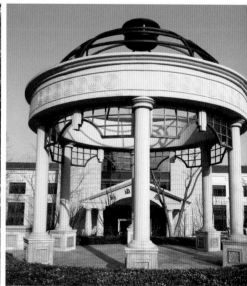

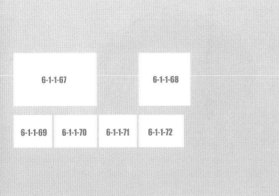

6-1-1-67		6-1-1-68
6-1-1-69	6-1-1-70	6-1-1-71	6-1-1-72

图6-1-1-67　充满浪漫气息的景观亭

图6-1-1-68　威斯登堡的景观休闲凉亭

图6-1-1-69　蜂窝状玻璃圆顶，设计新颖、别致。

图6-1-1-70　黑色的镂空圆顶与白色柱体结合，整体线条
　　　　　　纤细简洁。

图6-1-1-71　圆顶采用叶片线形铁艺装饰，柱身延续流线
　　　　　　图腾的石材贴面，展现生动的视觉效果。

图6-1-1-72　佳兆业壹号公馆的景观休闲凉亭

6-1-1-73	6-1-1-74	6-1-1-75	6-1-1-76

		6-1-1-78	
6-1-1-77		6-1-1-79	6-1-1-80

图6-1-1-73 顶部镂空铁艺与植物纹样相结合，很有特色。

图6-1-1-74 树叶组成的铁艺镂空圆顶，柔化了石材的坚硬感。

图6-1-1-75 石家庄恒大华府的景观休闲凉亭

图6-1-1-76 别墅花园中的休闲凉亭，沉稳的色调彰显欧式豪宅的气质。

图6-1-1-77 细节精美，体现其华丽的气质。

图6-1-1-78 亭子整体华丽大气，置于水景旁，适宜观赏休憩。

图6-1-1-79 亭身简洁的线条与比例设计，展现出严谨的工艺手法。

图6-1-1-80 黑色大理石贴面装饰，与金色形成对比，达到雍容华贵的景观效果。

6-1-1-81		6-1-1-83		
6-1-1-82				
6-1-1-84	6-1-1-85	6-1-1-86	6-1-1-87	6-1-1-88

图6-1-1-81 晃陂玉翔花园的景观休闲凉亭

图6-1-1-82 简练大方，墙柱纯白，与黑色铁艺顶部形成鲜明对比。

图6-1-1-83 精细的铁艺镂空圆顶装饰，观赏性极强。

图6-1-1-84 景亭圆顶以柔美的叶片形态结合铁艺工艺，置于泳池旁便于观景休闲。

图6-1-1-85 通体金色尽显富贵、奢华。

图6-1-1-86 传统欧式风格景观亭，厚重的体量磅礴大气。

图6-1-1-87 具象的拟物手法，生动形象。

图6-1-1-88 广州流花湖的欧式凉亭，亭内有神女雕塑。

	6-1-1-90		
6-1-1-89	6-1-1-91		
6-1-1-92	6-1-1-93	6-1-1-94	6-1-1-95

图6-1-1-89 景观亭，木栅格与雕刻石柱的组合。

图6-1-1-90 用多种几何图案做细节装饰，营造浓郁的欧式
情调。

图6-1-1-91 富兴湖畔欣城的景观休闲亭

图6-1-1-92 中式元素与西方文化的完美融合。

图6-1-1-93 简约的线条与厚重的体量，别具度假休闲风。

图6-1-1-94 景观亭，柱身采用石材碎拼贴面。

图6-1-1-95 结构简练大方，墙柱纯白。

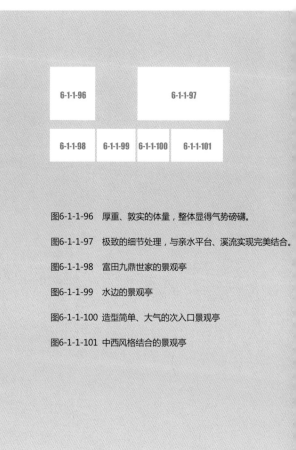

图6-1-1-96　厚重、敦实的体量，整体显得气势磅礴。

图6-1-1-97　极致的细节处理，与亲水平台、溪流实现完美结合。

图6-1-1-98　富田九鼎世家的景观亭

图6-1-1-99　水边的景观亭

图6-1-1-100　造型简单、大气的次入口景观亭

图6-1-1-101　中西风格结合的景观亭

6-1-1-102	6-1-1-103	6-1-1-104	6-1-1-105	6-1-1-106
6-1-1-107		6-1-1-109		
6-1-1-108				

图6-1-1-102 绿城样板区的特色景观亭

图6-1-1-103 上海中海万锦城小区休闲亭，造型精致典雅，
提供了休闲的好去处。

图6-1-1-104 欧式景观亭为空旷的广场增添焦点。

图6-1-1-105 湖边的景观亭

图6-1-1-106 北京星河湾的凉亭

图6-1-1-107 顶部采用莲花雕塑造型，充满异国情调。

图6-1-1-108 亭子采用小拱门结构，置于水池旁极具观赏性。

图6-1-1-109 柱身线条简约而不失细节，厚重的柱体使亭身
充满重量感。

二、Art Deco风格亭

1、Art Deco风格的定义与发展

"Art Deco",即艺术装饰风格,发源于法国,兴盛于美国,是世界建筑史上一个重要的风格流派。它介于古典与现代之间,融合了立体派、构成主义、机械美学,既有现代主义的简约而不简单,又有古典主义的精致而不繁复琐碎。

2、Art Deco风格亭的装饰美学

Art Deco那简洁又不失装饰性的造型语言,通过灵活运用重复、对称、渐变等美学法则,使几何造型充满诗意和富于装饰性,这种创造方式就是赋予形体"意味"的过程。它常用方形、菱形和三角形作为形式基础,运用于建筑内外的门窗线脚、檐口及建筑腰线、顶角线等部位。

Art Deco风格兼容性极强,"古典柱式与建筑"、"哥特式古典主义"题材都可以作为其创作灵感,其强大的包容性使之有了超越时空的艺术生命力。在建筑立面处理上,它仍沿用古典建筑基座、主体、顶部纵三段的划分手法,通过对古典柱式与拱券进行简化、几何化、变形,将这些古典配件变成时髦的现代装饰构件。它强调使用现代金属、玻璃、塑料来装饰柱式、拱券、屋顶等配件,下部多采用壁柱、拱券及现代门窗组成Art Deco的裙房,上部为突出金属结构或竖向线条装饰,常采用折线形的退台方式营造挺拔庄重之感。

3、Art Deco风格亭的运用形式

Art Deco风格亭在国外比较少见,多运用于国内Art Deco建筑风格的小区。它主要通过提取建筑立面与古典元素并结合装饰美学的运用,最终形成造型简洁挺拔、装饰细节丰富的构筑,营造尊贵大气的景观环境。Art Deco风格亭主要包括圆亭与方亭两种形式,多运用于轴线的端点,或以轴线对称布置,承载观赏与休憩的功能。

	6-1-2-2	
6-1-2-1		6-1-2-3

图6-1-2-1 简洁几何形的装饰细节，拱门结合圆顶，造型优雅
尊贵。

图6-1-2-2 几何休闲亭有着独特的魅力。

图6-1-2-3 广州万科欧泊小区主轴线中心景亭

6-1-2-4	6-1-2-5	6-1-2-6	6-1-2-7
6-1-2-8		6-1-2-9	
		6-1-2-10	6-1-2-11

图6-1-2-4　泳池边上的四方休闲景亭

图6-1-2-5　四柱景观亭

图6-1-2-6　福州融侨外滩精致典雅的入口岗亭

图6-1-2-7　长沙复地崑玉国际的入口岗亭，石材的装
　　　　　饰细节完美演绎了Art Deco风情。

图6-1-2-8　草地中的四方休闲亭

图6-1-2-9　泳池边圆形休闲景亭

图6-1-2-10　立面退台式手法的运用恰到好处，打造出
　　　　　挺拔俊朗的地标。

图6-1-2-11　静谧的景观亭，休闲的好去处。

三、欧式田园风情亭

1、欧式田园风情的定义与发展

欧式田园风情是一种贴近自然、向往自然的风格，通过装饰装修表现出田园的气息。田园风格倡导"回归自然"，在美学上推崇"自然美"，力求表现悠闲、舒畅、自然的田园生活情趣，其最大的特点是：朴实、亲切、实在。欧式田园风格包括很多种，有英式田园、美式乡村田园、法式田园等。现今人们正处于为城市迅速扩张、环境恶化、人们日渐产生隔阂而担心的时代，田园风情的出现与发展迎合了人们对于自然环境的关心、回归和渴望之情，因此造就了田园风格设计的复兴和流行。

2、欧式田园风情亭的装饰美学

其建造形态上的特点是：刨去了西方原有建筑复杂的装饰细节，保留了其对称、典雅的建筑形态，造型简洁、线条分明、讲究对称，常运用素雅的色彩（以白、深灰色调为主）与质朴的材质（主要为木材与铁艺等），结合简约的装饰纹样、爬藤类的植物或装饰性花篮等元素，打造一种闲适惬意的休闲建筑，使人感到质朴、宁静。

3、欧式田园风情亭的运用形式

欧式田园风情亭造型简约，色彩宁静素雅，材质天然质朴，在国外多见于街头公园、植物园或私家庭院，或通过帷幔、花卉等装饰为其赋予浪漫自然的色彩，置于临湖或海边空旷的草地作为婚庆场所；在国内，则多见于一些欧美风格的别墅私家庭院，结合休闲设施如摇椅等营造一处随性、悠闲的休闲场所。

| | 6-1-3-2 | |
| 6-1-3-1 | 6-1-3-3 | 6-1-3-4 |

图6-1-3-1 具有浓郁田园风情的亭子，让人心旷神怡。

图6-1-3-2 亭子位于静谧的旷野中，周围装饰的花卉散
发出浓郁的田园风情。

图6-1-3-3 新加坡植物园台地上的田园风情休闲亭

图6-1-3-4 大连星海湾一号小区内的亭，沉稳的色调彰
显了欧式豪宅的气质。

6-1-3-5			
	6-1-3-7	6-1-3-8	
6-1-3-6			
6-1-3-9	6-1-3-10	6-1-3-11	6-1-3-12

图6-1-3-5　美国伊利诺伊州巴特利特公园的休闲亭，造型独特。

图6-1-3-6　白色的帷幔，不经意的装饰花卉，在阳光下透露出慵懒的田园风。

图6-1-3-7　质朴的装饰元素和色调，与周边环境协调统一。

图6-1-3-8　白色的柱子，深灰色的屋顶，置于海边，尽显休闲惬意田园风。

图6-1-3-9　可移动式的构造，为公园提供便捷的休闲点。

图6-1-3-10　双层的结构造型轻盈优雅，装饰纹样简洁大气。

图6-1-3-11　白色的立面，绿色的屋顶，置于草坪中，展现出浓郁的欧美田园风。

图6-1-3-12　静谧而优雅的公园凉亭

6-1-3-13	6-1-3-14	6-1-3-15	6-1-3-16
6-1-3-17		6-1-3-18	
		6-1-3-19	

图6-1-3-13 民居风格休闲凉亭，色调简单柔和。

图6-1-3-14 简约的景观亭搭配郁郁葱葱的植物，充满休闲
　　　　　 放松的气息。

图6-1-3-15 简约的景观亭充满休闲气息。

图6-1-3-16 红白为主色调，拱门、栏杆细部以圆形装饰，
　　　　　 略显古典优雅。

图6-1-3-17 简易的白色亭子，为婚礼提供浪漫梦幻的
　　　　　 场景。

图6-1-3-18 灰白为主色调，拱门、栏杆细部以流线纹样装
　　　　　 饰，尽显高贵典雅。

图6-1-3-19 纯白的景观凉亭，成为绿茵丛林中一抹亮眼
　　　　　 的风景。

| 6-1-3-20 | 6-1-3-21 | 6-1-3-22 | 6-1-3-23 |
| 6-1-3-24 | 6-1-3-25 |

图6-1-3-20 叠层的塔状顶部与镂空的柱子，适合藤蔓类植物生长。

图6-1-3-21 建在花园或公园中的纳凉亭，亭子结构简洁，一体化设计使视野开阔。

图6-1-3-22 位于庭院内的休闲凉亭，白色与镂空的设计显得休闲惬意。

图6-1-3-23 古典的铁艺亭，充满工业时代的气息。

图6-1-3-24 融合在雪地景色中的白色景亭，小巧轻便的造型充满休闲感。

图6-1-3-25 形状优美，风格独特，金属色与"星星点灯"的设计成为宁静湖面的点睛之笔。

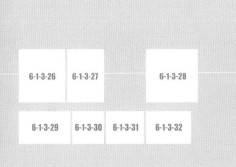

6-1-3-26	6-1-3-27		6-1-3-28
6-1-3-29	6-1-3-30	6-1-3-31	6-1-3-32

图6-1-3-26 木质小亭子在温暖的灯光下散发出温馨的气息。

图6-1-3-27 开罗萨拉丁城堡上的亭子，在这里可以眺望拥有上千座宣礼塔的城市。

图6-1-3-28 纤细的铁结构亭身显得十分轻盈，细腻的装饰细节充满古典味道。

图6-1-3-29 优美小巧的亭子，融合了植物图腾的装饰，适宜放置在庭院花园中。

图6-1-3-30 铁艺的框架显得亭子纤细开阔。

图6-1-3-31 镂空的圆顶与亭身使亭子视野十分开阔。

图6-1-3-32 造型简洁的广场景观亭，细部装饰花纹和色彩展现古典韵味。

6-1-3-33		6-1-3-34	
6-1-3-35	6-1-3-36	6-1-3-37	6-1-3-38

图6-1-3-33 珊瑚海度假村的休闲亭，靠近爱尔莱海滩，景致优美。

图6-1-3-34 特色顶与栏杆，带有浓郁的异域风情。

图6-1-3-35 亭子顶部与门廊的装饰性强，具有古典的特征和奢华的装饰手法。

图6-1-3-36 精雕的铁艺装饰集中在顶部与柱头，白色灯具更加亮眼。

图6-1-3-37 亭顶非常有特色。

图6-1-3-38 花盆挂饰为白色凉亭增添了浪漫气息，适合置于古典风格的园林中。

第二节　地中海风情亭

一、　地中海风格亭

1、地中海风格的定义与发展

　　地中海（Mediterranean）一词源自拉丁文，原意为"地球的中心"。自古以来，地中海不仅是重要的贸易中心，更是希腊、罗马、波斯古文明、基督教文明的摇篮。地中海风格原特指沿欧洲地中海北岸一线的沿海民居住宅，是海洋风格的典型代表，因富有浓郁的地中海人文风情、艺术气质和地域特征而得名。地中海风格的美，包括"海"与"天"明亮的色彩，仿佛被水冲刷过的白墙，薰衣草、玫瑰、茉莉的香气，路旁奔放的成片花田，历史悠久的古建筑等。它以海洋的蔚蓝色为基色调，将白色、桔黄等颜色进行和谐搭配，巧妙地运用自然光线，以富有动感及梦幻色彩的线条等特点表述其浪漫情怀，因此，自由、自然、休闲、浪漫是地中海风格的精髓所在。

2、地中海风格亭的装饰美学

　　地中海风格的颜色明亮、大胆、丰厚却又简单，蓝与白是其经典搭配。灰岩的盛产，造就了灰白手刷墙面绵延的风貌；手工艺术的盛行，使铸铁、陶瓷等成为地中海风格的装饰元素。地中海风格的建筑柱体厚实，圆角的厚墙省掉了繁复的雕琢和装饰，建筑线条简单且修边浑圆；墙壁多为自然涂刷的拉毛效果，自然呈现凹凸和粗糙之感；圆弧形结构，包括穹顶、柱体、护栏，让外立面更富动感；圆形拱门采用数个连接或以垂直交接的方式，形成造型别致的拱廊，达到通风采光的效果。

3、地中海风格亭的运用形式

　　地中海风格亭在国外多见于地中海沿岸建筑的屋顶，用于休闲或作为钟亭等，与海天连成一片；在国内主要运用于住宅区园林环境或主题旅游景点。为了融合环境与地域特色，国内的地中海风格亭在造型方面进行了取舍，保留了其流畅的线条、圆弧形结构以及手工拉毛的粗糙效果，多种拱门形式的运用为亭子简洁的设计带来一定的韵律与秩序之美。其在园林中的布局采用自由式或轴线对称均可，可布置于短暂停留处的休闲节点，或置于轴线端点的台地之上，结合绿化与装饰小品远高近低的层级分布，使人们在走动观赏中产生延伸般的透视感。

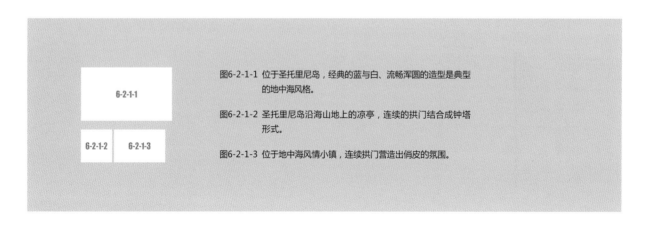

6-2-1-1

6-2-1-2　6-2-1-3

图6-2-1-1 位于圣托里尼岛，经典的蓝与白、流畅浑圆的造型是典型的地中海风格。

图6-2-1-2 圣托里尼岛沿海山地上的凉亭，连续的拱门结合成钟塔形式。

图6-2-1-3 位于地中海风情小镇，连续拱门营造出俏皮的氛围。

6-2-1-4			
6-2-1-5	6-2-1-6	6-2-1-7	6-2-1-8
6-2-1-9	6-2-1-10	6-2-1-11	6-2-1-12

图6-2-1-4　南寮渔港海岸风景区的地中海风情景观亭，装饰感浓厚。

图6-2-1-5　镂空的圆顶、拱门与墙体处增加造型修饰，整体色彩更加柔和梦幻。

图6-2-1-6　造型简洁，粉墙蓝顶，色彩梦幻浪漫。

图6-2-1-7　建筑顶层的休闲凉亭，双层塔顶以红瓦为主，拱门加蓝色线条修饰。

图6-2-1-8　广州锦绣银湾高档别墅住宅区的景观凉亭，亭子顶部为白色镂空的圆顶。

图6-2-1-9　广州锦绣银湾高档别墅住宅区的景观凉亭，整体色调为白色，局部用蓝色做装饰。

图6-2-1-10　苏尔阿曼海边的阿拉伯风情避暑凉亭，造型简洁大方，以蓝白色为主。

图6-2-1-11　蓝白为主色调的亭子与建筑形成呼应。

图6-2-1-12　深色的镂空圆顶与白色柱体，整体线条浑厚简洁，拱门以花纹图案做修饰。

二、 西班牙风格亭

1、西班牙风格的定义与发展

西班牙风情是地中海风情中一支独特的文化分支。历史上，西班牙曾出现过多个穆斯林王朝，15世纪后，又重新回到基督教统治之下，因此西班牙文化融合了基督教文化和穆斯林文化，从而形成多元、神秘、奇异的文化艺术传统。

西班牙的建筑文化源于艺术的发展，而艺术发展离不开文化的滋润。以毕加索为代表的西班牙艺术家开始了反传统的艺术原则，开创了现代艺术，用简单的几何图形构成图画；而高迪则是西班牙现代建筑风格的代表人物，通过现代建筑手法夸张地表现西班牙多元、神秘、奇异的文化艺术传统。

在中国人的眼中，西班牙风格是一个充满异域风情的建筑风格，其文化艺术的多元、神秘、奇异特征营造的内敛、沉稳、厚重的异域风情，在国内备受推崇。

2、西班牙风格亭的装饰美学

西班牙建筑融入了阳光和活力，晕染出质朴温暖的色彩，呈现出奋发向上的精神面貌。其建筑形式主要以缓坡屋顶（红色筒瓦砌）为主，屋顶多为方形或圆形，配合造型简洁、厚实的方柱或圆柱以及黄灰色的抹灰表面或文化石外墙，营造出粗犷自然之感和朴实的质感，整体透露着一种宗教的神秘感。其建筑材料一般给人以斑驳的、手工的、陈旧的感觉，同时透着亲和的视觉感和生态性。

3、西班牙风格亭的运用形式

西班牙风格亭在国内主要出现在欧式风格小区里，大体上以圆弧檐口、小拱券、陶艺挂件、铁艺灯具等装饰表达出西班牙风格特点，并抽象化地利用小拱券符号。亭子的檐壁、檐口或以简洁的涂料墙加上铁艺的镂空装饰，或以古典的拱门形式加上线条的变化；柱子的柱身、柱头或与檐壁进行一体化设计，或采用文化石形成质感的对比，局部运用西班牙风情图案设计。其布局多运用于轴线的端点，或布置于至高点，结合轴线的水景、雕塑小品打造富有节奏与韵律的景观空间。

	6-2-2-3	6-2-2-4
		6-2-2-5
6-2-2-1	6-2-2-2	

图6-2-2-1 住宅区入口凉亭,文化石围墙、古典线条装饰的
　　　　　 拱门透露出自然古朴之感。

图6-2-2-2 西班牙风格凉亭

图6-2-2-3 小区景观凉亭,色彩古朴,造型简洁大气。

图6-2-2-4 大连第五郡小区的景观凉亭

图6-2-2-5 红色顶、黄灰色的涂料外墙、铁艺灯具等为西班
　　　　　 牙风格装饰特点。

6-2-2-6			6-2-2-7
			6-2-2-8
6-2-2-9	6-2-2-10	6-2-2-11	6-2-2-12

图6-2-2-6 住宅区景观休闲凉亭，抹灰外墙加石材贴面的装饰。

图6-2-2-7 欧式住宅区内的景观凉亭，供住户休闲观赏。

图6-2-2-8 西班牙风格休闲凉亭，散发出田园气息和文化品位。

图6-2-2-9 杭州龙湖香醍溪岸别墅区的景观亭，整体风格沉稳大气。

图6-2-2-10 住宅区内的景观凉亭，整体造型通透简洁，以休闲功能为主。

图6-2-2-11 造型简洁，抹灰外墙与石材柱础形成质感的对比。

图6-2-2-12 广州万科兰乔圣菲西班牙风情别墅前院景观亭。

6-2-2-13	6-2-2-14	6-2-2-15	6-2-2-16
6-2-2-17	6-2-2-18	6-2-2-19	
		6-2-2-20	

图6-2-2-13 红瓦圆顶、抹灰的厚实圆柱加以石材贴面的柱础
　　　　　景观凉亭。

图6-2-2-14 景观休闲凉亭、抹灰白墙、拱门为西班牙风格的
　　　　　一大特色。

图6-2-2-15 亭子为尖塔形的特色顶，厚实的圆柱加上小拱门
　　　　　的元素，典雅美观。

图6-2-2-16 欧式住宅区的景观凉亭，柱式简洁、厚重，上部
　　　　　为红瓦圆顶。

图6-2-2-17 住宅区的西班牙特色景观凉亭，铁艺装饰展现高
　　　　　贵典雅的异域特色。

图6-2-2-18 西班牙风情景观亭，文化石柱础结合休闲坐凳。

图6-2-2-19 中信·山语湖欧陆皇家园林景观亭，檐壁点缀着
　　　　　花纹图案。

图6-2-2-20 亭子的抹灰外墙与文化石柱身形成质感对比。

千亭集 COLLECTION OF PAVILIONS

第七章　其他特色风情亭

Chapter 7
Other Exotic Pavilions

第一节　伊斯兰风情亭

1、风格定义与发展

伊斯兰风情是通过伊斯兰宗教仪式、教义和信仰发展出的一种文化艺术。伊斯兰文化是依据《古兰经》和圣训形成的相对独立的宗教文化，它融合了穆斯林的形象思维、审美观和生活实践。伊斯兰教义有诸多禁忌，它禁止反映世俗的感官体验，不允许崇拜人物和植物的具象物体，这促使伊斯兰艺术采用华丽的植物图形、几何图形来美化物体的表面。伊斯兰风格富有奇思幻想，庄重肃穆而富有变化，雄健壮丽又不失雅致，这也是伊斯兰艺术的灵魂之所在。

2、装饰美学

伊斯兰教认为建筑是一切美术品中最持久的事物，而宗教建筑是美术的最高成就。在这些宗教圣殿里，精致的图案大胆而创新地镶嵌在整个天花板上。伊斯兰建筑独具特色的是穹庐顶、拱券顶以及两个主要装饰——宗教建筑和世俗建筑共有的"帕提"和钟乳体。"帕提"是一个拱形门厅；钟乳体是墙和拱顶之间具有装饰性的过渡部分，叠涩斜向砌拱，在拱顶的锯齿形牙子上凿凹坑。作为一种富有特征的形式，穹庐和拱形已经被认为是伊斯兰风情建筑的典型。

伊斯兰艺术将几何图案、程式化植物图案、阿拉伯古兰经语录灵活运用于建筑艺术中，将各种几何线条、多角形、螺旋形、环形、椭圆形、立体、圆锥体等图案加以混合运用，打造出精美的阿拉伯图纹、镂空石窗棂等，创造出韵味独特的艺术造型与美不胜收的艺术形式。其建筑顶部耸立着浑厚饱满的半圆形、球冠形、毡帽形、火焰状为主的穹顶。因此，造型饱满的穹顶是伊斯兰风情的主要特色元素。

3、运用方式

伊斯兰风情亭主要出现在清真寺的户外广场区，供信徒参拜和授教时使用，其外观低调而内部装饰精细。从全球各地大大小小的清真寺风情亭可见，绿色或黄色的穹顶砌在亭身座上、穹顶上端顶着一轮穆斯林伊弯月是最突出的伊斯兰风情特征。穹顶单纯而富有变化，稳重雄浑但具有动势。穹顶内有大面积繁缛复杂的装饰，如石刻几何形图案和具有韵律感的植物图案、阿拉伯古兰经语录、彩色琉璃面砖等。叠涩拱券的形式有多种变化，马蹄券、半圆券、梅花券、火焰券、海扇券、花瓣券、三叶券、双圆心尖券、双层或多层叠券等多种券式，赋予亭身简洁优美的气质，展现出一种奢华高贵的气息。以沙漠黄为主而绿白相间的色调，让人领略到浓郁的伊斯兰风情。

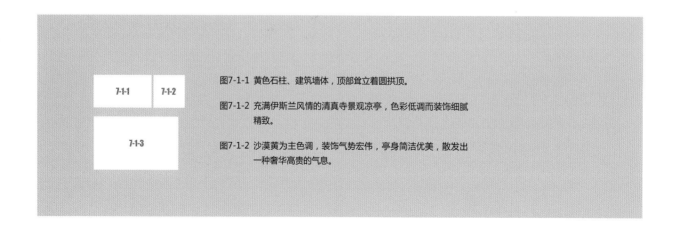

7-1-1	7-1-2

7-1-3

图7-1-1 黄色石柱、建筑墙体，顶部耸立着圆拱顶。

图7-1-2 充满伊斯兰风情的清真寺景观凉亭，色彩低调而装饰细腻精致。

图7-1-2 沙漠黄为主色调，装饰气势宏伟，亭身简洁优美，散发出一种奢华高贵的气息。

图7-1-4 穹顶顶端的穆斯林伊弯月是其最明显的特征。

图7-1-5 多边形的顶部，沉稳的装饰色彩，耶路撒冷石给亭子带来独特的肃穆感。

图7-1-6 亭子的外部装饰繁缛复杂，以叠涩拱券、穹隆、彩色琉璃砖及几何图案的运用为主。

图7-1-7 以几何图形为单位组成变化万千、结构复杂的纹样，给人以工整完美的艺术美感。

图7-1-8 细部繁缛精细的装饰效果体现出一种奢华神秘的气息。

图7-1-9 纯色的外观与造型别致的穹顶营造出纯洁高贵的气质。

图7-1-10 造型简洁、装饰精细的景观亭，让人领略到浓郁的伊斯兰风情。

7-1-11	7-1-12	7-1-13
7-1-14	7-1-15	7-1-16
		7-1-17 / 7-1-18

图7-1-11 以金色为主色调，精致的图案修饰着亭子的每
　　　　个细部。

图7-1-12 水景中央的景观亭，造型流畅大气，观赏性强。

图7-1-13 酒店别墅区的景观凉亭，色彩低调，造型简洁
　　　　优雅。

图7-1-14 色彩丰富，顶部的穆斯林伊弯月为显著特色。

图7-1-15 阿拉伯风情的墓葬亭，亭里陈列着大理石的墓
　　　　葬，亭子顶部与柱头饰以精美花纹。

图7-1-16 夜色中的墓葬亭

图7-1-17 不锈钢材质的阿拉伯风情亭

图7-1-18 亭子整体厚重沉稳，利用华丽的植物图形、几
　　　　何图形美化饱满的圆顶与墙身。

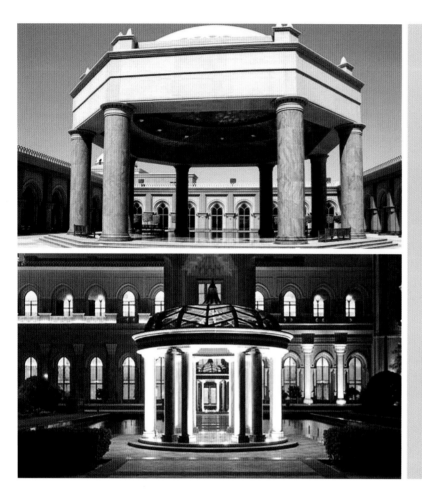

| 7-1-19 | | 7-1-21 | 7-1-22 |
| 7-1-20 | | | |

| 7-1-23 | 7-1-24 | 7-1-25 | 7-1-26 |

图7-1-19 阿联酋宫殿酒店的景观亭，整体庄重而内部装饰精细，顶部耸立着圆拱顶，整体为石材装饰。

图7-1-20 迪拜朱美拉岛皇家海市蜃楼酒店的阿拉伯风格景观亭

图7-1-21 石柱、阿拉伯图纹修饰的顶部、精美的造型，都展示了伊斯兰艺术的灵活运用。

图7-1-22 伊斯兰风格，类似城堡。

图7-1-23 阿拉伯风格景观休息亭

图7-1-24 伊斯兰风情亭，底层为方形，第二层圆柱体的塔身，在形式上冠以浮圆顶或锥形顶。

图7-1-25 迪拜购物中心的户外景观亭，以几何图案装饰，处处彰显奢华尊贵。

图7-1-26 阿联酋宫殿酒店的景观亭，整体庄重，内部装饰精细，顶部耸立着圆拱顶。

7-1-27	7-1-28	7-1-29	7-1-30

7-1-31	
7-1-32	7-1-33

图7-1-27 以石材为主的伊斯兰风情景观亭，复杂多变的几何纹样展现独特的艺术美感。

图7-1-28 帕拉西奥酒店泻湖上矗立着阿拉伯风格的亭榭。

图7-1-29 不锈钢材质的伊斯兰风情景观亭

图7-1-30 东湖香榭水岸的别墅景观凉亭，优质石材与欧式雕花的立面细节精美。

图7-1-31 迪拜朱美拉岛皇家海市蜃楼酒店的阿拉伯风格景观亭

图7-1-32 方亭营造出表达崇高、内敛、集中的空间，与宗教仪式所需的神秘感、静谧感统一协调。

图7-1-33 纯白的色调、柔美的装饰细节给浑厚的亭身带来优雅的感觉。

第二节　其他特色风情亭

1、风格定义与发展

异域风情广义上是指带有多国文化交融的色彩。以英、法、德、意、荷兰、西班牙等为主的西方国家以侵略者和殖民者的身份将自己的民族文化带入殖民地，并大力推广，使之与当地文化进行交融与碰撞，从而形成一种新的文化特色，这种文化特色可通过当地的建筑风格反映出来。殖民文化与当地文化的融合，产生了一种多国文化交融的浓郁的异国情调，在各个地区出现了各种绚丽多彩的建筑。以亭子为例，在保留本土人文元素的同时，融合了西方欧式风格，如英法德意式等建筑特色，从而产生了各式各样的殖民主义风格的亭子。

2、装饰美学

异域风情的建筑在同一时期接受了各地成熟的建筑风格，注重建筑细节，外观简洁大方，具有融多种风情于一体的特点。

法国建筑特色是从人文历史、自然、几何学理论中找寻创作灵感，屋顶以四坡或侧山墙屋顶为主，细长的门窗沿着垂直方向的小网格排列而成，墙身是砖墙结构或涂外墙，整体色彩绚丽，对比强烈，以灰色调与金色的对比结合凸显华丽和大气。

意大利建筑中最具特色的哥特式建筑呈现

垂直上升的动势，其中心构图突出整体造型，修长的柱体与飞券、尖形的高塔与拱门、绘有圣经故事的彩色大窗营造出轻盈的飞天感。贵重的石材装饰和精美的雕刻细节，整体色调统一而不缺细节变化，在空间上显得夺目炫彩。

罗马式建筑以拱券与柱式的形式为明显特征，整体线条清晰明快，造型厚重敦实，其柱子的排列大小有序，均衡布置，富有动感。圆穹顶浑厚饱满，石墙巨大而厚实，墙面上开窗采用同心多层小圆券，减少了建筑的沉重感。

巴洛克式是在意大利文艺复兴建筑的基础上发展起来的装饰风格，其建筑大量使用贵重石材、精细的雕刻加工、夸张的装饰效果、强烈的色彩以展现富有与高贵；采用非理性组合手法产生另类而惊奇的特殊效果；穿插的曲面和椭圆形空间使建筑形象产生动态感；建筑与雕刻的结合，使建筑充满欢乐的气氛。它反对僵化的古典形式、追求自由奔放的格调和表达世俗情趣的特点，也对园林艺术产生了影响，一度在欧洲广泛流行。

3、运用方式

英法殖民地建筑，有着浓厚的英法建筑风格，同时融合了当地的建筑特色，表现出一定的折中主义。

以英伦风为主的亭子多为暖色系，如砖红色，并有木质白色条状饰条或石灰岩细节，有着较强的实用性建筑特征。

靠近美洲的殖民风格亭子色彩艳丽、造型多变，通过大胆而创新的手法融合了美洲自由、活泼、创新的人文元素，多以观光游览、特色建筑为主。

哥特式建筑的特点多表现在尖顶的上升空间，立柱线条切割富有变化，色彩明亮，配以圆形的玫瑰窗，造型十分华美。

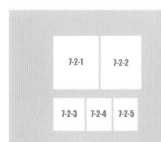

7-2-1	7-2-2	

图7-2-1 俄罗斯风情小镇景观亭

图7-2-2 亭子整体采用暖色系，造型精美。

图7-2-3 广场中心景观亭，中心构图，线条简单明快，色彩明亮。

图7-2-4 厦门鼓浪屿的欧式景观亭，以植物造型为主的圆顶装饰富有异域特色。

图7-2-5 新加坡河边的喷泉凉亭，融合了古典情怀，外观丰富的造型使整体产生动态感。

7-2-6	7-2-7	7-2-8	7-2-9	7-2-10

		7-2-12

7-2-11

| | 7-2-13 | 7-2-14 |

图7-2-6 土耳其纪念观光亭,墙体巨大而厚实,半圆形的拱门结构装饰精美。

图7-2-7 欧洲户外景观亭,圆顶上以绿白相间的图案排列而成,富有舞台效果。

图7-2-8 轻盈的亭子造型富有殖民主义风情。

图7-2-9 巴尔博亚公园景观亭,白色的石材雕刻彰显出高贵气质。

图7-2-10 S形、波浪形的立面装饰使建筑形象产生动态感。

图7-2-11 以红色为装饰色调,在绿茵中十分和谐。

图7-2-12 亭子整体简洁,重点装饰在顶部两层的造型和细节。

图7-2-13 北非建筑亭,绿顶白墙,色彩明亮炫目,檐壁装饰尽显异国情调。

图7-2-14 突尼斯哈马特的泳池景观亭,穹顶一轮穆斯林伊弯月与精致的细节装饰充满异域风情。

| 7-2-15 | 7-2-16 | 7-2-17 | 7-2-18 | 7-2-19 |

| 7-2-20 | | | |
| 7-2-21 | | 7-2-22 | 7-2-23 |

图7-2-15 广场中心的钟塔景观亭，融多种风格于一体，外观简洁大方。

图7-2-16 建筑顶层的景观亭，以观赏功能为主，古典欧式装饰细节繁冗。

图7-2-17 神秘、浪漫的异域风情景观亭，造型特异，局部雕塑、图腾充满地方特色。

图7-2-18 靠近海边的纯白特色景观亭，造型圆润，营造梦幻别致之境。

图7-2-19 亭子保留阿拉伯式饱满的圆顶造型，在材质上采用现代的工艺手法。

图7-2-20 铁艺凉亭，融合古典传统的造型与伊斯兰风情的细节装饰。

图7-2-21 铁艺亭子小巧玲珑，装饰细节根据工艺手法不断创新而丰富多变。

图7-2-22 明亮艳丽的红色圆顶，亭身装饰图案富有异域风情。

图7-2-23 造型简洁的铁艺景观凉亭，充满异域风情。

7-2-24	7-2-25	7-2-26	7-2-27

7-2-28		7-2-29
		7-2-30

图7-2-24 台中公园景观亭，饱满的圆顶与独特的装饰图案透着
　　　　异域风情特色。

图7-2-25 战争纪念景观亭，以石材为主，展示沉稳庄严之感。

图7-2-26 北美历史纪念建筑景观亭，大胆创新的造型及繁重夸
　　　　张的装饰，使亭子富有地标性。

图7-2-27 植物园景观凉亭，多个侧山墙屋顶形成的亭子顶部，
　　　　柱身简洁，形式自由多变。

图7-2-28 公园中的红色亭，结构简洁，细部采用镂空的装饰。

图7-2-29 湖边景观亭，整体造型线条流畅，以休闲观赏功能
　　　　为主。

图7-2-30 公园广场上的景观亭，色彩柔和，顶部造型奇特，尖
　　　　塔状与流线型相结合，富有异域风情。

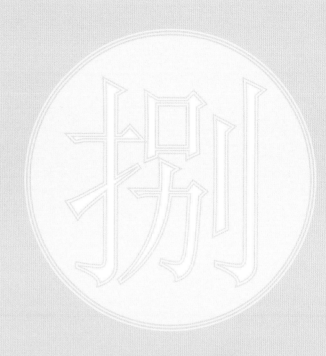

第八章　现代特色亭

Chapter 8
Pavilions with Modern Characteristics

第一节 现代亭子与现代景观艺术

20世纪早期，西方现代园林经历了从早期萌芽到发展成熟的过程，形成了集合功能、空间、造型形态于一体的现代设计风格。在各种主义与思潮多元并存的当代，折衷主义、历史主义、生态主义、极简主义、波普艺术、结构主义、解构主义等均对现代景观设计产生重大影响。现代园林摆脱了古典园林程式的束缚，不再刻意追求繁琐的装饰，而是追求平面布局与空间组织的自由。各种大胆尝试的作品冲击着人们的眼球，许多设计师摒弃传统的整体、序列、主导性和谐构图，将各种要素分解开来，注重流线性和动态性的景观效果，以期达到超越现实主义绘画中不期而遇的审美意识。

从19世纪末20世纪初的"新艺术"运动开始，当代艺术对现代景观产生了重大影响。在现代设计发展的近30年中，建筑、工业设计、园林艺术以及建筑装饰艺术都受到了抽象绘画的影响，它否定了传统的固有形式，宣扬非理性主义与世界主义，在造型语汇与形式上追求简洁与明快，用大界面、大曲面、大色块代替传统冗繁的精细装饰。这些新的形式美学观念也影响着景观设计的风格，先后创造了许多新的园林形式。一些艺术家注重艺术与大自然的自然力、自然过程、自然材料的结合，开拓了生态主义思想与景观艺术相结合的先河，对园林风格的发展有一定的促进作用。

随着时代变迁，在现代艺术及设计思潮的影响下，设计师追随潮流不断调整思维，结合现代人居生活需求，不断汲取新的艺术营养，调整表达方式及方法。总之，现代艺术的启迪使景观设计越来越多元化。

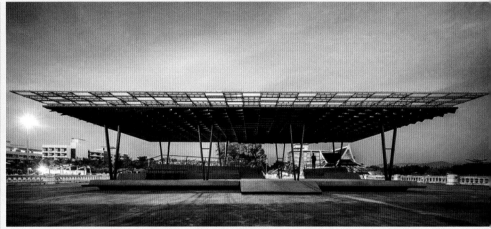

	8-1-2	
	8-1-3	8-1-4
8-1-1	8-1-5	8-1-6

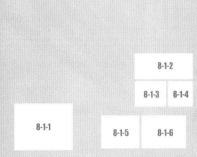

图8-1-1 玻璃馆。建筑师以周边的森林景色为灵感，设计出抽象化的森林屋顶。

图8-1-2 金色多功能亭子。结构上的屋顶表皮由小翅片组成，其优点是允许热气逸出，同时让星星点点的阳光照入下层空间。

图8-1-3 波兰广场凉棚，为居民提供休闲娱乐和聚会的空间。

图8-1-4 泳池凉亭

图8-1-5 苏州博物馆八角塔形亭。亭子采用金属与玻璃等现代材质，演绎传统设计。

图8-1-6 维克技术社区学院的公共候车亭。候车亭由两种材料组合而成：一种是厚重的镶铸混凝土墙；另一种是钢制棚架。

图8-1-7 鸟笼亭。亭子将自然元素与几何形式相结合，实现室内外空间、自然与人工的对接。

图8-1-8 普吉岛休闲亭。亭子使用黑色的钢质框架与当地的木质材料，透露出低调奢华的气质。

图8-1-9 现代钢构架亭。整个亭子"漂浮"于水面，好似从水中生长而出的树木。

图8-1-10 叶子船只雕塑。通过放大和抽象的自然生命形式的规模和复杂性，提醒人们地球生态系统的美和脆弱性。

图8-1-11 米兰世博会景观亭。亭子采用几何线条造型和干净的白色，支撑柱采用编织的方式。

图8-1-12 美国俄克拉荷马城万木花园的钢构架亭

图8-1-13 森林景观亭。该亭子是狐猴森林探险区的标识性入口，设计别出心裁。

8-1-14	8-1-15	8-1-16	8-1-17
8-1-18		8-1-20	
8-1-19			

图8-1-14 屋顶花园木质亭

图8-1-15 一束光的插花——玻璃茶亭。透明茶室的屋顶设有
棱镜，光束从特定角度进入茶室内部时，棱镜将其
分解为气色，形成了茶道仪式中需要的"插花"。

图8-1-16 "巢窝"——悬崖上的亭子。设计者用横向的木
条将其包裹起来，疏密有致，透与不透相间，构
成了一个如同飞鸟栖息的巢窝。

图8-1-17 V形景观亭

图8-1-18 "巢穴"——大学校园公交车站亭。细长的钢筋
廊柱以曲线形的布局方式支撑着蜂窝式的顶棚，木
板打造的蜂窝顶上覆盖着玻璃罩作为"帽子"。

图8-1-19 吸引人停留的校园亭子。亭子采用流线造型，深
灰色的钢材质与建筑立面的色彩相呼应。

图8-1-20 Tribal。亭子在设计上运用光线、线条及角度三大
元素，凸显图腾，是原始部落的设计风格，为人
们提供了一个户外用餐和休闲的空间。

8-1-21		8-1-23	
8-1-22			
8-1-24	8-1-25	8-1-26	8-1-27

图8-1-21 商场休闲廊架

图8-1-22 圆形景观亭

图8-1-23 画廊。该设施是一个集走廊、门厅、凉亭等功能于一体的公共大厅，对原有空间进行了很好的补充。它在几何轮廓上与周边环境相适应，在材料与构造上与原有的红砖建筑形成对比。

图8-1-24 户外休闲亭。以圆形为设计元素，通过大小以及高低的变化，以组的形式呈现，形态优美。

图8-1-25 椭圆艺术亭。亭子充满了色彩感、构图感和线性感，凸显了"以放射状圆形柔化刚性线条"的景观效果，使亭子所在的空间充满灵动和跳跃的韵律感。

图8-1-26 亭·留——仁恒景观之亭。倾斜的支撑柱，灰色的框架，配以低调沉稳的防腐木，显得沉稳大气，与周围的灰岩片石、宁静的水面相融合。

图8-1-27 玻璃艺术亭

8-1-28	8-1-29	8-1-30	8-1-31
8-1-32		8-1-34	8-1-35
8-1-33		8-1-36	8-1-37

图8-1-28 波士顿港群岛馆，凸显了该群岛丰富的历史及生态多样性。

图8-1-29 倾斜的亭子。倾斜的造型，现代感的框架，配以简约的木质坐凳，反而让空间显得更加有趣。

图8-1-30 落地灯亭。该亭子不仅具有休憩功能，还有灯光设计，夜晚可作为落地灯。

图8-1-31 竹子凉亭。圆形的顶，四周使用竹子旋转交错搭接，与周围环境很协调。

图8-1-32 公共候车亭。设计灵感来源于解构主义，造型独特。

图8-1-33 瑞士阿劳公交站台雨亭。与自然界的云朵有异曲同工之妙的云形雨亭，可为市民提供一个遮风避雨的便利场所。

图8-1-34 玻璃钢构架亭

图8-1-35 黑色艺术亭

图8-1-36 美国碳纤维板编织装置亭

图8-1-37 河滨公园休闲亭，采用钢构架，形式简洁。

8-1-38	8-1-40		
8-1-39			
8-1-41	8-1-42	8-1-43	8-1-44

图8-1-38 北京园博园天津园休闲展示亭

图8-1-39 弧形编织亭

图8-1-40 休闲亭。翘首的方形亭顶，不对称排列的柱子，使空间显得通透。

图8-1-41 街头休闲廊架。白色的六角亭是这个街头广场的入口标志，对比鲜明的色彩和醒目的结构构成了一个非正式的聚会场所或者小型的表演空间。

图8-1-42 公交亭。这个公交亭充满浪漫主义色彩，像童话故事中充满魔力的小场所。

图8-1-43 温室植物园。建筑采用了多边形的建筑形态，类似于自然界的细胞分裂。建筑的基本架构是增强型钢制的，外层是玻璃材质，包裹在钢架上面，保持内部空间的温度。

图8-1-44 环形编织凉亭，可以用于享受户外进餐。灯被固定在一个圆形的冠形结构上。

8-1-45	8-1-46	8-1-47	8-1-48
8-1-49		8-1-51	8-1-52
8-1-50			8-1-53

图8-1-45　景观蓬。采用张拉膜结构，高低起伏，造型优美，时尚雅致。

图8-1-46　鸟类观赏亭。设计师用木材和钢筋，加上石墨色油漆，搭建了这个极简抽象派艺术风格的鸟类观赏亭。

图8-1-47　风情展示亭

图8-1-48　"森林树冠"亭子。主体采用航天材料和技术，包括许多透明"花瓣"似的华盖，树冠下光影斑驳，看起来非常梦幻。

图8-1-49　候车亭。这是一个充满艺术气质，甚至有未来感的公交候车亭。

图8-1-50　弧形管亭。形式充满现代感，运用了模块化的弧形管作为亭子的骨架。

图8-1-51　白色蜂巢亭

图8-1-52　回归亭。以防锈且轻盈的铝制结构，搭配纯白皮垫、防水布料，设计成可伫立于海滩的亭子，体现心灵回归自然的本质。

图8-1-53　"自然"——太阳能庇护所。庇护所的形式来自非洲金合欢树的形状。

8-1-54	8-1-56		
8-1-55			
8-1-57	8-1-58	8-1-59	8-1-60

图8-1-54 "暴风云"。从几何学上看，亭子更像是一系列漏斗状的物件堆叠，它们从直线状的顶棚结构起源，一直向上延伸到一系列悬挂在视平线位置上的环状物。

图8-1-55 公共休闲亭

图8-1-56 顶部镂空的设计和简易的结构为这个商业街道增添了色彩。

图8-1-57 游客凉亭。一个巨大的钢铁框架形成甲板、墙壁和盖顶，它将这些元素都包裹起来。亭子轻轻地触及地面，雨水和阳光都能通过结构慢慢渗透。

图8-1-58 野餐亭。现代简约的六角亭，给人们户外野餐提供了空间。

图8-1-59 条形亭。亭子的设计与坐凳、铺装保持统一，形式为简洁的条形。

图8-1-60 生长的亭子。该亭子位于澳大利亚的植物园内，从地上卷曲而起，像是从土地里生长出来的一样，给人以独特的美感。

8-1-61	8-1-62	8-1-63	8-1-64
8-1-65		8-1-67	
8-1-66			

图8-1-61 退伍军人亭。亭子位于退伍军人公墓，主要供人们休憩。

图8-1-62 松溪亭。该亭子的所有框架材料都是从当地死去的树木上砍伐下来的，亭子还使用了再生混凝土铺路石、core-tin波纹屋面，体现了可持续发展的理念。

图8-1-63 新加坡Napier顶级公寓的泳池旁凉亭

图8-1-64 新加坡卓锦豪庭景观亭

图8-1-65 红色遮阳亭。梯形的支撑结构上放置红色的遮阳板，整体显得简单粗犷，与周围的山景相得益彰。

图8-1-66 悉尼海滨亭。亭内顶部的几何形态，既像海浪，又好似原始的海岸线，为悉尼市民提供了一个滨海休闲活动与聚会的空间。

图8-1-67 "彩色板亭"。凉亭的设计灵感来源于美国圣安东尼的传统手工业和民族历史文化。遮阴棚采用钢制结构，上面挂着轻盈的倾斜彩色纤维板，既经济又环保。

第二节 现代亭子艺术风情化的构造和表达

人们对亭类等设施的需求除了其功能外，还包括对其外形的美观性和象征性意义的情感需求。美观性的需求表现在对美学的理解上，主要是心理上好恶的需求。而象征性意义的需求是满足人们对地区文化乃至整个历史文化的追寻和理解，主要是情感上对文化的纪念与传承。根据以上的情感反应，再反过来对亭类设施的形态进行审美评判。亭类设施形态对人的心理影响，主要通过空间与形态、材质感、比例感、色彩感以及艺术表现等方面表现出来。

1、空间与形态

在现代人居环境中，从建筑到景观逐渐形成一个完整的表达体系，设计师通常采用整体布局观念，全方位地把控景观体系中所展示的空间以及情感表达，使之形成整体的表现风格。在景观亭子的表达方面，无论从空间到形态，都需要结合实际景观环境以及空间形式，配合情境性构成元素，与建筑、雕塑小品形成整体的艺术效果。由此看来，亭类设施在城市开放性空间中对景观氛围的烘托以及使用者的互动表达起到了关键性作用，成为城市空间中不可缺少的要素之一。

2、材质感

这里的材质感专指亭类景观构筑所使用的构件材料传递给人的视觉和触觉感受。亭类景观构筑物常使用的材料有石材、木材、碳钢、玻璃、亚克力、塑料等。材料的质地、肌理、色泽等因素不同，给人的质感也就不同。例如，石头、金属给人以厚重、坚硬的质感，木材给人以自然、朴实的质感，玻璃给人以轻盈、通透、光滑的质感。

3、比例感

比例感能够在形态上给人以美好的审美感受，例如广为人知的黄金分割。亭子的形态主要有两大类，具有一定规则的固定矩形和不含有规则的动态矩形。将固定矩形进行再切割，得到的是一系列可以预测的形状，具有一定的规律且变化不会太大。但是，对动态矩形的分割则能产生无数个可能的形状，这种未知的可能性会带给人们愉快的体验和感受。当亭类设施里面的轮廓接近动态矩形时，更容易让人获得视觉上的美好体验。

4、色彩感

色彩感是指人对亭类设施的印象中最直观的感受，也是心理感受

	8-2-2 8-2-3
	8-2-1

图8-2-1 "可移动图书馆"，位于韩国首尔，它利用最基本的方形进行了各种色彩实验，并改变其材质和放置角度。

图8-2-2 德国花朵凉亭。其设计灵感来自花朵的组成结构，最基本的构件是花瓣状的设计模块，它们互相独立，但可以与其它的花瓣状结构相连，组成一个花朵凉亭。

图8-2-3 德国斯图加特的亭子。此亭子基于碳和玻璃纤维复合材料的使用以及相关的计算机设计工具和仿真法建造而成。

中最强烈的刺激。人们往往会对不同的色彩，产生不同的心理感受。例如，红色让人感觉热情奔放，容易引起人们的注意；蓝色让人感觉恬静淡然，有助于平静心情；白色朴实无华，给人纯洁无害的感觉；黄色让人感觉温暖，有助于促进食欲、稳定心情；黑色沉稳大气，深沉厚重……

5、艺术表现

装置艺术是一门当代艺术，是后现代主义哲学思潮、美学思潮笼罩下的新兴艺术门类，是人们生活经验的延伸。装置艺术创造的环境，是用来包容观众、促使甚至迫使观众在界定的空间内由被动观赏转换成主动感受，这种感受要求观众除了积极思维和肢体介入外，还要使用所有的感官（包括视觉、听觉、触觉、嗅觉，甚至味觉）进行体验。随着科技的发展和物质的丰富，装置的材料和手法也越来越多元化。从实际运用的形式上来看，现代景观亭的发展长期受到现代艺术的影响，已经不是传统意义上的亭子了，更多的是因地制宜，通过把握空间的通透性和象征性，给使用者创造一个舒服、适宜的停留环境。在这里，亭建筑的设计充分运用了现代主义造园手法中抽象夸张艺术化的创作手法，诱发使用者体验，使人看到物外之象、景外之境，扩大了空间，深化了意境。这也充分说明，在物质文明与精神文明高度发展的今天，现代景观设施不再需要繁琐复杂的语言，更加趋于艺术化。

8-2-4		8-2-6	8-2-7
8-2-5			8-2-8

8-2-9	8-2-10	8-2-11	8-2-12

图8-2-4　加拿大埃德蒙顿的拱形垂柳亭。它集中呈现了轻盈、超薄、自我支撑的结构特征。

图8-2-5　蛇形画廊。它使用了一种半透明的双层面板和五彩缤纷的氟基聚合物（ETFE），组成多边形结构。

图8-2-6　欧盟亭。欧盟亭馆包含三个要素：地面、空间、结构。

图8-2-7　Murano玻璃糖果。其特点是混合图案的彩色玻璃。

图8-2-8　澳大利亚悉尼的亮粉凉亭。该凉亭由1350个手折纺织花朵组成，旨在向悉尼myer音悦广场表达敬意。

图8-2-9　纽约街头亭

图8-2-10　幔布创意亭

图8-2-11　美国亚特兰大凉亭。该项目由33个大型的编织旋转凉亭组成，借鉴了玩具的色彩表达方式和构造特点。

图8-2-12　错离展亭。设计运用展会上不同参展公司捐出的材料作为表皮，它可以跟随太阳的方向或气候的变化发生相应变化。

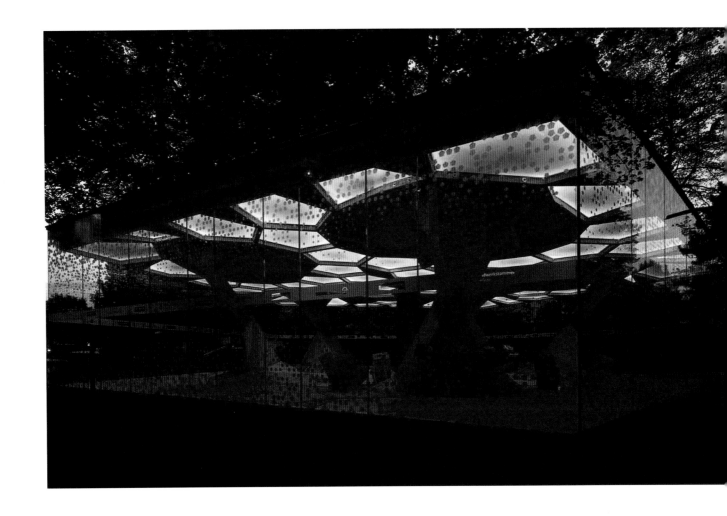

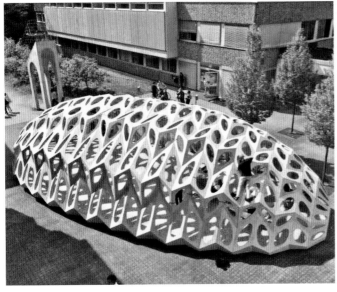

8-2-13		
8-2-14		
8-2-15		
8-2-16	8-2-17	8-2-18	8-2-19

图8-2-13 德国Holger Hoffmann抱树亭。抱树亭的正中间有一棵大树，像是穿破建筑生长出来的。

图8-2-14 NASA轨道展馆建筑装置设计。这座展厅的基本概念是在一个小壳子中听到大海的声音。

图8-2-15 泰晤士报EUREKA花园展亭。墙壁和屋顶都嵌有回收塑料的"细胞"，围合而成灰空间。雨水从屋顶顺着"细胞"流到地面。

图8-2-16 Bowoos临时展馆。它采用一种仿生灵感的木结构，上面有许多孔可以自然采光。

图8-2-17 街头"互动"表演亭。它通过数字技术和编织程序，在参数化3D建模工具的辅助下完成。

图8-2-18 管子构成的凉亭。管子之间有一个精心设计的过道，既保证了亭子视觉上的整体性，又方便人们进入亭子深处感受其中的奥妙。

图8-2-19 KREOD亭。其外观的设计灵感来源于自然。三个种子形结构通过相互咬合的六边形连接在一起，形成密闭的整体，造型精致，安全防水。

8-2-20	8-2-21	8-2-22	8-2-23
8-2-24		8-2-26	8-2-27
8-2-25			

图8-2-20 吉隆坡豆荚亭子。自然的水滴状是这座展馆的设计灵感。

图8-2-21 密度场。项目利用在结构上依靠张力和压力优雅结合的悬臂实现了空间和几何上的完美平衡。

图8-2-22 加拿大概念亭。它就像是一个穿着网格波纹外衣的有悬架支撑的麦比乌斯带。

图8-2-23 伦敦建筑节花瓣形临时展厅，有亭子的功能。

图8-2-24 德国斯图加特大学景观亭

图8-2-25 卢森堡亭子。亭子由八块交叉层压木板构成。这些木板先在工厂预制而成，然后运到现场安装。

图8-2-26 仿生"水泡"碳纤维复合材料亭。其灵感来自于生活在水下并居住在水泡中的水蜘蛛的建巢方式。

图8-2-27 台湾森林亭。亭子中央可以作为一个圆形的表演舞台，观众可以坐在亭子圆环形的表面观看表演。

8-2-28	8-2-29
	8-2-30
8-2-31	8-2-32	8-2-33	8-2-34

图8-2-28 芝加哥千禧年景观亭

图8-2-29 伦敦现代花园亭。被挤压出来的椭圆形木建筑从地面上卷曲起来，在草坪上形成了一个小小的木平台。

图8-2-30 芝加哥千禧年景观亭

图8-2-31 电视秀凉亭。这是一个连续的涡卷，涡卷与环境互相渗透，仿佛与环境融为一体。该设计不仅造型独特，而且十分实用，亭中光线充足，为人们提供了良好的活动场所。

图8-2-32 万科景观亭

图8-2-33 空中连亭

图8-2-34 斯图尔特大学的昆虫结构亭子。亭子占地50平方米，但仅重593公斤，结构非常轻巧。

8-2-35	8-2-36	8-2-37	8-2-38	8-2-39

8-2-40		8-2-43	
8-2-41	8-2-42		

图8-2-35 伦敦博物馆和平展馆亭。一个充气的PVC圆管，形成了一个动感弯曲的几何结构体，表达了一种和平的理想。

图8-2-36 天津Vanke Triple V Gallery亭

图8-2-37 法国PortHole凉亭。凉亭的结构从一个立方体开始，再慢慢变成一个纯粹的圆形几何体。

图8-2-38 可移动舞台

图8-2-39 蝉形亭

图8-2-40 德国仿生亭。亭子由纯木制造，用于教学和研究，证明亭子的形态只靠使用超薄的胶合板（厚6.5毫米）就能建成。

图8-2-41 景区乘凉创意亭

图8-2-42 公园树形亭

图8-2-43 新加坡榜鹅广场观景亭

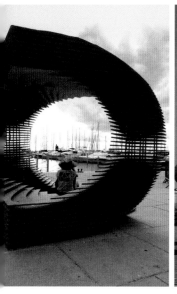

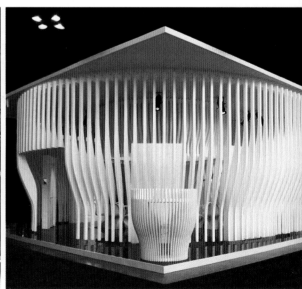

图8-2-44 德国沃尔夫斯堡市大众汽车主题公园的保时捷馆。弯曲的线条和令人刺激的卷曲让保时捷馆成为有活力的、简化的保时捷标志。

图8-2-45 悉尼达令港城市广场景观亭

图8-2-46 贝壳亭，处于森林中，有一种融入自然又从自然中脱颖而出的共存感。

图8-2-47 庄园休息亭

图8-2-48 哥伦比亚生态建筑亭

图8-2-49 风亭。该项目创建了一个独立单一的悬挂结构元素，形成一个圆形的展览空间，可以使光线在其中穿梭流动。

图8-2-50 英格兰彩虹门。雨滴的敲打声在金属上回响，当雨水堆积成束从亭子上的凹槽流下时，嵌在孔隙中的透镜可以捕获阳光并将其打散为彩虹光谱投影到地面上。

图8-2-51 休闲绿地聚会亭

8-2-52	8-2-53	8-2-54	8-2-55	8-2-56
8-2-57		8-2-58	8-2-59	

图8-2-52 游园镜梦亭。在四个连接在一起的竹钢框中，安装了用四种不同方法打印的竹图案玻璃，这些半透明的竹影和真实的竹子形成亦真亦虚的关系。

图8-2-53 巴塞罗那海滩上的景观亭

图8-2-54 静水面湖心亭

图8-2-55 协同舞台亭

图8-2-56 遮阳异形亭

图8-2-57 茧形钢亭。它可以作为一个美学元素或一个代表性标志，分割两个不同区域。

图8-2-58 上海新天地休息亭

图8-2-59 耶路撒冷博物馆的树屋。它是一连串折叠结构的最尖端，晚上，这间树屋是被照亮的唯一建筑元素，仿佛漂浮在庭院入口。

后记

　　《千亭集》通过对亭的文化内涵、种类、功能和应用的详述，分析出亭具有文学艺术、建筑艺术和环境艺术性。本书汇集了中式传统亭、仿古建筑亭、现代亭、各民族特色亭及世界其他地区具有代表性的亭，实为一部集世界名亭之大成的"百科全书"。

　　《释名·释宫室》云："亭，停也，人所停集也。人所止息而去，后人复来，转转相传，无常主也。"亭的功能是供旅人途中遮阴避雨、稍事停憩之地，除此之外，有些亭子如兰亭、御碑亭等，还有一些特殊的功能。虽然，从古至今，亭建筑已成为庭园景观中的点睛所在，甚至已经达到"无亭不园"的地步；但是，目前关于亭建筑，特别是将古今亭以及中外亭进行研究论述的资料并不多见。相信本书的出版对建筑行业、园林设计行业、工艺美术界及旅游界是一部开卷有益、不可多得的书籍。

中国亭的种类

● 按亭的边角可分为三角亭、四角亭、五角亭、六角亭、八角亭、十二角亭等。另外还有圆亭，两个圆亭套在一起的双环亭，以及一些特殊造型的亭子。

● 按亭檐的层数可分为单层檐亭、双层檐亭、三层檐亭（极少见）等。

● 按亭的建筑材料可分为木构亭、石构亭、金属亭等。

● 按亭顶的类型可分为盝顶亭、盔顶亭、两坡顶亭、歇山顶亭、攒尖顶亭等。

● 按亭瓦颜色可分为黄琉璃瓦亭，绿琉璃瓦亭，黄琉璃瓦、绿琉璃剪边亭，灰瓦亭。

● 按亭瓦种类可分为筒瓦亭和平瓦（小青瓦）亭。

● 按建亭的朝代可分为秦汉亭、隋唐亭、辽宋亭、明清亭、近代亭等。

● 按类型可分为皇家建筑亭和私家建筑亭。

● 按地域可分为北方皇家亭、江南私家园林亭、岭南等地方亭。

中国亭的设计要点

● 与人方便，注重功能和安全性。

● 尽量采用地方材料。

● 仿皇家园林建筑亭一定要适当华丽，注重级别，严格把控，即大家闺秀。

● 仿私家园林建筑定要素雅有变，即小家碧玉。

● 岭南亭可尽量结合广府、潮汕、客家建筑风格，做到简朴、大方，并适当具有海派风格。

● 一定要作到"三段构图"，即屋顶、柱身、基座比例协调，尺度合理，屋顶天际线的控制恰如其分。

● 注重地域建筑风格，要尽量和当地建筑相协调。

● 对于装修的华丽和朴素应掌握有度。

● 多用地方建筑材料，如广东的红砂岩、江南的竹子、北方的黄石、南方的杉木等。

● 提高屋面防水等级，屋面一定不能漏水。

● 尽量多用筒瓦、瓷瓦，少用平瓦、陶瓦。

● 屋顶瓦的颜色要与亭子的功能特性相匹配，慎用具有丧葬性建筑色彩的蓝青色瓦。

● 要区别北方亭的宝顶和江南亭的宝葫芦。

● 木结构、钢筋混凝土结构、钢结构皆用地仗漆。

● 凳通常需要设靠。

● 注意区别皇家亭、私家亭、岭南亭的构造特征。

● 注意亭与屋、阁、楼、塔、殿等的区别。

亭的美具有综合性与整体性，包括亭的建筑构造、环境和文化内涵。亭的设计要遵循设计原则，要注重形式美和意境美的考究，要善于运用多种形式语言来进行技术与艺术的穿插融合，只有深入思考，才能做到合理有章、标新立异。

愿祖国大地呈现更多更美的亭子。

此为后记。

二〇一六年八月

梁焱：深圳市建筑评审专家，中国圆明园学会会员、高级建筑师。

图书在版编目（CIP）数据

千亭集/深圳文科园林股份有限公司编著．－－北京：中国林业出版社，2016.8

ISBN 978-7-5038-8692-8

Ⅰ.①千… Ⅱ.①深… Ⅲ.①亭－建筑艺术 Ⅳ.① TU986.45

中国版本图书馆 CIP 数据核字 (2016) 第 206676 号

特约顾问：梁 焱
编　　委：韦菁华　　张仙燕　　徐松丽　　彭　莉　　鄢春梅　　唐　堃　　黄锦钊　　刘小芳　　李晓花
　　　　　方建业　　杨斯琪　　熊　静　　杨梦林　　曹景怡　　熊　伟　　袁爱婷　　卜梦雅

中国林业出版社
责任编辑：李 顺
出版咨询：（010）83143569
装帧设计：米度设计机构

出　　版：中国林业出版社（100009 北京西城区德内大街刘海胡同 7 号）
网　　站：http://lycb.forestry.gov.cn/
印　　刷：深圳市汇亿丰印刷科技有限公司
发　　行：中国林业出版社
电　　话：（010）83143500
版　　次：2016 年 9 月第 1 版
印　　次：2016 年 9 月第 1 次
开　　本：889mm×1194mm　1／16
印　　张：22.5
字　　数：500 千字
定　　价：298.00 元

参考书目：
1. 马炳坚．中国古建筑木作营造技术 [M].2 版．北京：科学出版社，2003
2. 徐华铛，杨冲霄．中国亭全览 [M]．天津：天津人民美术出版社，2003
3. 苏州民族建筑学会．苏州古典园林营造录 [M]．北京：中国建筑工业出版社，2003
4. 刘敦帧．苏州古典园林 [M]．北京：中国建筑工业出版社，1979

图片来源：
图片来源于编著者实地拍摄、网络搜集等。